机械制造工艺编制与机床夹具设计实例

- 柳青松　赵利民　主　编
- 朱成俊　王家珂　夏晓平　副主编
- 李荣兵　主　审

JIXIE ZHIZAO GONGYI BIANZHI
YU JICHUANG JIAJU SHEJI SHILI

化学工业出版社
·北京·

《机械制造工艺编制与机床夹具设计实例》涵盖了机械制图、机械工程材料与热处理、金属冷热加工基础（含机床、刀具）、机械原理、机械零件、公差与配合、机械制造工艺、机床夹具设计等课程有关知识的应用，其内容包括课程（毕业）设计任务书、资料查询、方案分析、工艺工装设计，直至课程（毕业）设计说明书的撰写工作。

　　本书可作为应用技术大学、高职高专机械设计与制造、机械制造与自动化、数控技术、模具设计与制造、机电一体化等机械类专业工艺夹具课程设计或专业实践课教学用书，也可指导同类专业学生开展毕业设计工作，还可作为从事机械制造工作的专业技术人员的参考书。

图书在版编目（CIP）数据

机械制造工艺编制与机床夹具设计实例/柳青松，赵利民
主编. —北京：化学工业出版社，2019.9
ISBN 978-7-122-34753-4

Ⅰ.①机… Ⅱ.①柳… ②赵… Ⅲ.①机械制造工艺-
高等职业教育-教材②机床夹具-设计-高等职业教育-教材
Ⅳ.①TH16②TG750.2

中国版本图书馆 CIP 数据核字（2019）第 128647 号

责任编辑：高　钰　　　　　　　　　　　文字编辑：陈　喆
责任校对：宋　玮　　　　　　　　　　　装帧设计：刘丽华

出版发行：化学工业出版社（北京市东城区青年湖南街 13 号　邮政编码 100011）
印　　刷：三河市航远印刷有限公司
装　　订：三河市宇新装订厂
787mm×1092mm　1/16　印张 12¼　字数 299 千字　2019 年 10 月北京第 1 版第 1 次印刷

购书咨询：010-64518888　　售后服务：010-64518899
网　　址：http://www.cip.com.cn
凡购买本书，如有缺损质量问题，本社销售中心负责调换。

定　　价：49.00 元

前言

《机械制造工艺编制与机床夹具设计实例》内容是按照"课程（毕业）设计的基础知识、课程（毕业）设计实例"两部分编撰的。

① 课程（毕业）设计的基础知识：包含课程设计内容、课程设计要求、4 类 11 种典型零件工艺分析及机械加工工艺过程卡、4 类 30 种机械制造工艺编制与机床夹具设计推荐题目选编，以及机械制造工艺编制与机床夹具设计实例常用的相关资料。

② 课程（毕业）设计实例：展现了犁刀变速齿轮箱体的机械加工工艺规程与专用夹具设计的全部内容。学习者按论文开始→零件工艺设计过程与指定工序夹具设计→说明书撰写→参考资料与相关资料的顺序安排学习。

本书由扬州工业职业技术学院、扬州力创机床有限公司、河南工业职业技术学院、常州机电职业技术学院、徐州工业职业技术学院等单位合作编写完成。其中：机械制造工艺编制与机床夹具设计概述由柳青松、赵利民、庄蕾负责编写；典型零件工艺分析及机械加工工艺过程卡片由夏晓平、许晓东、田万英、高梦星负责编写；机械制造工艺与夹具课程（毕业）设计推荐题目由王家珂、徐颖梅、帅率、冯辰负责编写；制造工艺与夹具课程（毕业）设计的常用资料由赵利民、李洪强、王树凤负责编写；犁刀变速齿轮箱体的机械加工工艺规程与专用夹具设计实例由朱成俊、王伟负责编写。全书由柳青松、赵利民任主编并负责统稿，朱成俊、王家珂、夏晓平任副主编，李荣兵任主审。

在编写过程中，编者参考并选用了近几年来国内出版的有关机械加工工艺、机械加工余量、机床夹具设计等方面的著作、标准，我们向有关的著作者表示诚挚的谢意并希望得到他们的指教。

限于编者的水平，书中的不妥之处敬请读者批评指正。

编　者
2019 年 6 月

目录

第一部分 课程（毕业）设计的基础知识

第一章 机械制造工艺编制与机床夹具设计概述 / 002

一、工艺编制与夹具设计的目的 ………………………………………………… 002
二、工艺编制与夹具设计的任务及要求 ………………………………………… 003
（一）任务书 …………………………………………………………………… 003
（二）要求 ……………………………………………………………………… 003
（三）进度与时间安排 ………………………………………………………… 003
（四）成绩评定 ………………………………………………………………… 004
三、工艺编制与夹具设计的方法与步骤 ………………………………………… 004
（一）工艺设计 ………………………………………………………………… 005
（二）专用夹具设计 …………………………………………………………… 014
（三）编写课程设计说明书 …………………………………………………… 015
（四）参考资料 ………………………………………………………………… 016
四、对学习者的建议 ……………………………………………………………… 016
（一）设计应贯彻标准化原则 ………………………………………………… 016
（二）撰写说明书应注意的事项 ……………………………………………… 017
（三）拟定工艺路线应注意的事项 …………………………………………… 017
五、工艺编制与夹具设计的内容 ………………………………………………… 018
（一）文本内容及要求 ………………………………………………………… 018
（二）文本打印要求 …………………………………………………………… 019
（三）封面格式 ………………………………………………………………… 020
（四）"课程（毕业）设计说明书"目录格式 ……………………………… 021
（五）任务书 …………………………………………………………………… 022
（六）论文文本内容 …………………………………………………………… 023

第二章 典型零件工艺分析及机械加工工艺过程卡 / 024

第一节 轴类零件工艺分析及机械加工工艺过程卡 …………………………… 024
一、定位销轴零件的加工 ………………………………………………………… 024
（一）定位销轴零件的图样分析 ……………………………………………… 024
（二）定位销轴零件的工艺分析 ……………………………………………… 025
（三）定位销轴零件的机械加工工艺过程卡 ………………………………… 025

二、凸轮轴零件的加工…………………………………………………………………… 025

　　（一）凸轮轴零件的图样分析…………………………………………………… 025

　　（二）凸轮轴零件的工艺分析…………………………………………………… 025

　　（三）凸轮轴零件的机械加工工艺过程卡……………………………………… 026

三、活塞杆零件的加工…………………………………………………………………… 026

　　（一）活塞杆零件的图样分析…………………………………………………… 026

　　（二）活塞杆零件的工艺分析…………………………………………………… 027

　　（三）活塞杆零件的机械加工工艺过程卡……………………………………… 028

第二节　盘套类零件工艺分析及机械加工工艺过程卡…………………………………… 028

一、偏心套零件的加工…………………………………………………………………… 028

　　（一）偏心套零件的图样分析…………………………………………………… 028

　　（二）偏心套零件的工艺分析…………………………………………………… 028

　　（三）偏心套零件的机械加工工艺过程卡……………………………………… 029

二、密封件定位套零件的加工…………………………………………………………… 029

　　（一）密封件定位套零件的图样分析…………………………………………… 029

　　（二）密封件定位套零件的工艺分析…………………………………………… 030

　　（三）密封件定位套零件的机械加工工艺过程卡……………………………… 030

三、柱塞套零件的加工…………………………………………………………………… 030

　　（一）柱塞套零件的图样分析…………………………………………………… 030

　　（二）柱塞套零件的工艺分析…………………………………………………… 031

　　（三）柱塞套零件的机械加工工艺过程卡……………………………………… 031

第三节　箱体类零件工艺分析及机械加工工艺过程卡…………………………………… 032

一、车床尾座体零件的加工……………………………………………………………… 032

　　（一）车床尾座体零件的图样分析……………………………………………… 032

　　（二）车床尾座体零件的工艺分析……………………………………………… 032

　　（三）车床尾座体零件的机械加工工艺过程卡………………………………… 034

二、减速器箱体零件的加工……………………………………………………………… 034

　　（一）减速器箱体零件的图样分析……………………………………………… 034

　　（二）减速器箱体零件的工艺过程分析………………………………………… 035

　　（三）减速器箱体零件的机械加工工艺过程卡………………………………… 035

三、不同生产条件下箱体类零件的工艺规程编制方法………………………………… 035

第四节　支架类零件工艺分析及机械加工工艺过程卡…………………………………… 038

一、连杆零件的加工……………………………………………………………………… 038

　　（一）连杆零件的图样分析……………………………………………………… 038

　　（二）连杆零件的工艺分析……………………………………………………… 040

　　（三）连杆零件的机械加工工艺过程卡………………………………………… 040

二、气门摇臂轴支座零件的加工………………………………………………………… 041

　　（一）气门摇臂轴支座零件的图样分析………………………………………… 041

　　（二）气门摇臂轴支座零件的工艺分析………………………………………… 041

　　（三）气门摇臂轴支座零件的机械加工工艺过程卡…………………………… 041

三、轴承座零件的加工 ·· 041
（一）轴承座零件的图样分析 ·· 041
（二）轴承座零件的工艺分析 ·· 043
（三）轴承座零件的机械加工工艺过程卡 ································ 043

第三章　机械制造工艺与夹具课程（毕业）设计推荐题目 / 044

第一节　课程（毕业）设计推荐题目 ·· 044
一、轴类零件课程设计题目 ·· 044
二、盘套类零件课程设计题目 ·· 049
三、箱体类零件课程设计题目 ·· 055
四、支架类零件课程设计题目 ·· 061
第二节　使用推荐题目的简要说明 ·· 067

第四章　制造工艺与夹具课程（毕业）设计的常用资料 / 073

第一节　各种加工方法的经济精度及表面粗糙度 ························ 073
一、典型表面加工的经济精度及表面粗糙度 ······························ 073
（一）内圆表面加工的经济精度及表面粗糙度 ························ 073
（二）外圆表面加工的经济精度及表面粗糙度 ························ 074
（三）平面加工的经济精度及表面粗糙度 ······························ 074
（四）花键加工的经济精度 ·· 076
（五）齿形加工的经济精度 ·· 076
（六）齿轮、花键加工的表面粗糙度 ···································· 076
（七）圆锥形孔加工的经济精度 ·· 077
（八）公制螺纹（即米制螺纹）加工的经济精度及表面粗糙度 ···· 077
二、常用加工方法的形状和位置经济精度 ·································· 077
（一）直线度、平面度的经济精度 ······································· 077
（二）圆度、圆柱度的经济精度 ·· 078
（三）平行度、倾斜度、垂直度的经济精度 ·························· 078
（四）同轴度、圆跳动、全跳动的经济精度 ·························· 078
三、常用机床加工的形状和位置精度 ······································· 078
（一）车床加工的经济精度 ·· 078
（二）铣床加工的经济精度 ·· 079
（三）钻床加工的经济精度 ·· 079
四、各种加工方法的经济精度 ·· 079
五、标准公差值与形位公差值 ·· 080
（一）标准公差值 ··· 080
（二）平面度、直线度公差值 ·· 081
（三）圆度、圆柱度公差值 ·· 081
（四）平行度、垂直度、倾斜度公差值 ································· 082
（五）同轴度、对称度、圆跳动、全跳动公差值 ···················· 082

第二节　机械加工工序间的加工余量及偏差‥‥‥‥‥‥‥‥‥‥‥‥‥‥‥ 083

一、轴的加工余量及偏差‥‥‥‥‥‥‥‥‥‥‥‥‥‥‥‥‥‥‥‥‥ 083

（一）粗车及半精车外圆加工余量及偏差‥‥‥‥‥‥‥‥‥‥‥ 083

（二）半精车后磨外圆加工余量及偏差‥‥‥‥‥‥‥‥‥‥‥‥ 084

（三）研磨外圆加工余量‥‥‥‥‥‥‥‥‥‥‥‥‥‥‥‥‥‥ 084

（四）抛光外圆加工余量‥‥‥‥‥‥‥‥‥‥‥‥‥‥‥‥‥‥ 084

（五）超精加工余量‥‥‥‥‥‥‥‥‥‥‥‥‥‥‥‥‥‥‥‥ 085

二、端面的加工余量及偏差‥‥‥‥‥‥‥‥‥‥‥‥‥‥‥‥‥‥‥ 085

（一）粗车端面后，正火调质的加工余量‥‥‥‥‥‥‥‥‥‥‥ 085

（二）精车端面的加工余量‥‥‥‥‥‥‥‥‥‥‥‥‥‥‥‥‥ 085

（三）精车端面后，经淬火的端面磨削加工余量‥‥‥‥‥‥‥‥ 086

（四）磨端面的加工余量‥‥‥‥‥‥‥‥‥‥‥‥‥‥‥‥‥‥ 086

三、槽的加工余量及公差‥‥‥‥‥‥‥‥‥‥‥‥‥‥‥‥‥‥‥‥ 086

四、孔的加工余量‥‥‥‥‥‥‥‥‥‥‥‥‥‥‥‥‥‥‥‥‥‥‥ 087

（一）基孔制 7 级公差等级（H7）孔的加工余量‥‥‥‥‥‥‥‥ 087

（二）基孔制 8 级公差等级（H8）孔的加工余量‥‥‥‥‥‥‥‥ 088

五、研磨孔的加工余量‥‥‥‥‥‥‥‥‥‥‥‥‥‥‥‥‥‥‥‥‥ 089

六、平面的加工余量‥‥‥‥‥‥‥‥‥‥‥‥‥‥‥‥‥‥‥‥‥‥ 089

（一）平面第一次粗加工余量‥‥‥‥‥‥‥‥‥‥‥‥‥‥‥‥ 089

（二）平面粗刨后精铣加工余量‥‥‥‥‥‥‥‥‥‥‥‥‥‥‥ 089

（三）铣平面加工余量‥‥‥‥‥‥‥‥‥‥‥‥‥‥‥‥‥‥‥ 089

（四）磨平面加工余量‥‥‥‥‥‥‥‥‥‥‥‥‥‥‥‥‥‥‥ 090

（五）凹槽加工的加工余量及偏差‥‥‥‥‥‥‥‥‥‥‥‥‥‥ 090

（六）研磨平面的加工余量‥‥‥‥‥‥‥‥‥‥‥‥‥‥‥‥‥ 090

七、切除渗碳层的加工余量‥‥‥‥‥‥‥‥‥‥‥‥‥‥‥‥‥‥‥ 091

第三节　攻螺纹前底孔直径和套螺纹前圆杆直径尺寸的确定‥‥‥‥‥‥‥ 091

一、普通螺纹钻底孔用钻头的直径尺寸‥‥‥‥‥‥‥‥‥‥‥‥‥‥ 091

二、英制螺纹钻底孔用钻头的直径尺寸‥‥‥‥‥‥‥‥‥‥‥‥‥‥ 093

三、圆柱管螺纹钻底孔用钻头的直径尺寸‥‥‥‥‥‥‥‥‥‥‥‥‥ 093

四、圆锥管螺纹钻底孔用钻头的直径尺寸‥‥‥‥‥‥‥‥‥‥‥‥‥ 093

五、套螺纹前圆杆的直径尺寸‥‥‥‥‥‥‥‥‥‥‥‥‥‥‥‥‥‥ 094

第四节　《工艺规程格式》（JB/T 9165.2—1998）摘录‥‥‥‥‥‥‥‥‥ 095

一、机械加工工艺过程卡（格式 9）‥‥‥‥‥‥‥‥‥‥‥‥‥‥‥ 095

二、机械加工工序卡（格式 10）‥‥‥‥‥‥‥‥‥‥‥‥‥‥‥‥ 096

第五节　《机械加工定位、夹紧符号》（JB/T 5061—2006）摘录‥‥‥‥‥ 097

一、符号‥‥‥‥‥‥‥‥‥‥‥‥‥‥‥‥‥‥‥‥‥‥‥‥‥‥‥ 097

（一）定位支承符号‥‥‥‥‥‥‥‥‥‥‥‥‥‥‥‥‥‥‥‥ 097

（二）辅助支承符号‥‥‥‥‥‥‥‥‥‥‥‥‥‥‥‥‥‥‥‥ 097

（三）夹紧符号‥‥‥‥‥‥‥‥‥‥‥‥‥‥‥‥‥‥‥‥‥‥ 097

（四）常用装置符号‥‥‥‥‥‥‥‥‥‥‥‥‥‥‥‥‥‥‥‥ 098

　　二、定位、夹紧符号和装置符号的标注示例 ··· 101

　第六节　刀具的锥柄 ·· 105

　　一、7/24 螺旋拉紧锥柄 ·· 105

　　二、莫氏带扁尾刀柄 ·· 106

　　三、莫氏带螺纹刀柄 ·· 106

　第七节　夹具设计部分元件资料 ··· 107

　　一、固定式定位销（JB/T 8014.2—1999） ·· 107

　　二、座耳主要尺寸 ··· 108

　　三、T 形槽主要尺寸 ·· 109

　　四、内六角头螺栓的相关连接尺寸 ··· 109

　第八节　机械加工余量 ··· 110

　第九节　切削用量计算与工时定额计算 ··· 110

　　一、切削用量的选择原则 ·· 110

　　　（一）粗加工时切削用量的选择原则 ··· 110

　　　（二）精加工时切削用量的选择原则 ··· 111

　　二、切削用量计算 ··· 112

　　三、机械加工工时定额计算 ··· 113

　第十节　工艺设计手册、教材与相关标准参考书目 ··· 113

　　一、工艺设计手册 ··· 113

　　二、教材 ··· 114

　　三、相关标准 ··· 114

第二部分　犁刀变速齿轮箱体的机械加工工艺规程与专用夹具设计实例

附表一　定位销轴零件的机械加工工艺过程卡 / 168

附表二　凸轮轴零件的机械加工工艺过程卡 / 169

附表三　活塞杆零件的机械加工工艺过程卡 / 171

附表四　偏心套零件的机械加工工艺过程卡 / 173

附表五　密封件定位套零件的机械加工工艺过程卡 / 175

附表六　柱塞套零件的机械加工工艺过程卡 / 177

附表七　C6125 车床尾座体零件的机械加工工艺过程卡 / 178

附表八　一级减速器箱体零件的机械加工工艺过程卡 / 179

附表九　连杆零件的机械加工工艺过程卡 / 181

附表十　气门摇臂轴支座零件的机械加工工艺过程卡 / 184

附表十一　轴承座零件的机械加工工艺过程卡 / 185

参考文献 / 186

第一部分

课程（毕业）设计的基础知识

课程（毕
业）设计的基础知识由机械制造
工艺编制与机床夹具设计概述、典型零件的
工艺分析及机械加工工艺过程卡、机械制造工艺与
夹具课程（毕业）设计推荐题目，以及制造工艺与夹具
课程（毕业）设计的常用资料4部分内容构成，为学习者
开展机械制造工艺编制与机床夹具设计学习提供设计程
序、内容、相关资料以及依据等。

第一章
机械制造工艺编制与机床夹具设计概述

我们已经学习了机械制图、机械工程材料与热处理、金属冷热加工基础（含机床、刀具）、机械原理、机械零件、公差与配合、机械制造工艺、机床夹具设计等课程。为了更好地将相关知识高效综合应用在课程设计（毕业设计）专业实战学习过程中，本章以机械制造工艺编制与机床夹具设计的目的、任务与要求、方法与步骤、建议以及设计内容为顺序进行编撰，以期学习者准确合理开展课程设计（毕业设计）、资料查询、方案分析、工艺工装设计直至说明书的撰写工作。

一、工艺编制与夹具设计的目的

在学习机械制图、机械工程材料与热处理、金属冷热加工基础（含机床、刀具）、机械原理、机械零件、公差与配合、机械制造工艺、机床夹具设计等课程后的一个重要实践教学环节是以机械制造工艺为核心的课程设计。学生通过课程设计能获得综合运用所学知识进行工艺设计和结构设计的能力，为以后做好毕业设计、走上工作岗位进行一次综合训练，做好准备。它要求学生全面、综合运用本课程及有关已修课程的理论和实践知识，进行零件加工工艺规程的设计和机床专用夹具的设计。培养目标如下。

① 通过课程设计，熟练运用机械制造工艺学课程中的基本理论以及在生产实习中学到的知识，正确解决零件在加工中定位、夹紧以及工艺路线安排、工艺尺寸确定等问题，保证零件的加工质量，初步具备设计一个中等复杂程度零件的工艺规程的能力。

② 学生通过夹具设计的训练，能根据被加工零件的加工要求，运用夹具设计的基本原理和方法，学会拟定夹具设计方案，设计出高效、省力、经济合理并能保证加工质量的夹具，提高结构设计能力。

③ 培养学生应用工艺设计手册、夹具设计手册、切削手册以及相关标准、图表等技术资料的能力，指导学生分析零件加工的技术要求和企业具备的加工条件，掌握从事工艺设计的方法和步骤。

④ 进一步培养学生的识图、制图、设计计算、结构设计和编写技术文件等基础技能。

⑤ 培养学生耐心细致、科学分析、周密思考、吃苦耐劳的良好习惯。

⑥ 培养学生解决工艺问题的能力，为学生今后进行毕业设计和去企业从事工艺编制、夹具设计等工作打下良好的基础。

⑦ 通过工程训练以及科学的思想作风和工作作风的培养，使学生具有工程质量的概念，初步具备机械制造工艺综合设计能力。

二、工艺编制与夹具设计的任务及要求

课程（毕业）设计任务书是指高等学校专业教师依据国家标准、教学管理制度以及课程（毕业）设计标准，承载一定的教学评价目的，并将技术要求以文字、图表形式写出的文件。包含课程（毕业）设计的题目、专业、学生学号、姓名、主要内容、基本要求、主要参考文献等。

（一）任务书

题目：设计×××××零件的机械加工工艺规程及×××××工序的专用机床夹具。

根据所提供的零件图样、年产量、每日班次（生产纲领）和生产条件等原始资料，完成以下任务：

① 绘制被加工零件的零件图	1 张
② 绘制被加工零件的毛坯图（零件-毛坯合图）	1 张
③ 编制机械加工工艺规程卡（工艺过程卡、工序卡或工艺过程综合卡）	1 套
④ 设计并绘制夹具装配总图	1 张
⑤ 设计并绘制夹具主要零件图（通常为夹具体与关键零件）	1～2 张
⑥ 编写课程设计说明书	1 份

（二）要求

本次设计要求编制一个中等复杂程度、中批或大批生产的零件的机械加工工艺规程，学生应像在工厂接受实际设计任务一样，认真对待课程设计，在老师的指导下，根据设计任务，合理安排时间和进度，认真地、有计划地按时完成设计任务，培养良好的工作作风；按教师指定的任务设计其中一道工序的专用夹具，并撰写设计说明书。必须以负责的态度对待自己所做的技术决定、数据和计算结果。注意理论与实践的结合，以期使整个设计在技术上是先进的，在经济上是合理的，在生产上是可行的。

具体内容如下。

① 确定生产类型（一般为中批或大批生产），对零件进行工艺分析。

② 选择毛坯种类及制造方法，绘制毛坯图（零件-毛坯合图）。

③ 拟定零件的机械加工工艺过程，选择各工序加工设备及工艺装备（刀具、夹具、量具、辅具），确定各工序切削用量及工序尺寸，计算某一代表工序的工时定额。

④ 填写工艺文件，包括工艺过程卡（或工艺卡片）、工序卡（也可视工作量大小只填部分主要工序的工序卡）。

⑤ 设计指定工序的专用夹具，绘制装配总图和主要零件图 1～2 张。

⑥ 撰写设计说明书。

（三）进度与时间安排

根据教学计划，本课程设计时间为 2～3 周，参考的进度及时间大致分配如下：

① 明确生产类型，熟悉零件及各种资料，分析研究被加工零件，画零件图　约占 8%

② 工艺设计（画毛坯图、拟定工艺路线，选择加工设备及工艺装备，填写工艺过程卡）

约占 8%

③ 工序设计（加工余量，切削用量，工序尺寸，时间定额，工序简图，填写工序卡）

约占 20%

④ 夹具设计（草图、夹具装配图及夹具零件图）　　　　　　　　　　约占 45%

⑤ 编写课程设计说明书   约占 15%
⑥ 答辩   约占 4%

（四）成绩评定

学生在完成课程设计任务后，应在课程设计的全部图样及说明书上签字，指导教师予以审核。教师对照课程设计的培养目标，根据学生所提交工艺文件、图样和说明书质量，答辩时回答问题的情况，以及平时的工作态度、独立工作能力等诸方面表现，综合评定学生的成绩。设计成绩分优秀、良好、中等、及格和不及格五级。不及格者将另行安排时间补做。

三、工艺编制与夹具设计的方法与步骤

机械制造工艺与机床夹具课程设计内容主要由工艺设计、专用夹具设计、撰写课程设计说明书以及答辩 4 部分组成，如图 1-1 所示。

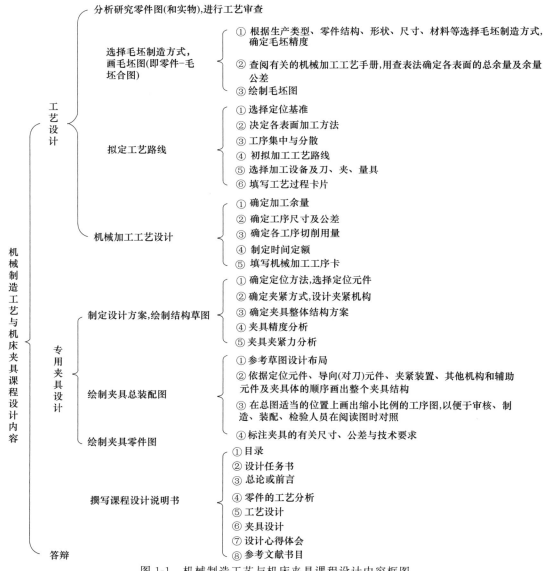

图 1-1　机械制造工艺与机床夹具课程设计内容框图

（一）工艺设计

1. 分析研究被加工零件及画零件图

学生接受设计任务后，应首先对被加工零件进行结构分析和工艺分析。其主要内容包括：

① 弄清零件的结构形状，明白哪些表面需要加工、哪些表面不要加工、哪些是主要加工表面、哪些表面是次要加工表面，分析各加工表面的形状、尺寸、精度、表面粗糙度以及设计基准等；

② 在有条件的情况下，了解零件在整个机器上的作用及工作条件；

③ 明确零件的材质、热处理方法及零件图上的技术要求；

④ 分析零件的工艺性，对各个加工表面制造的难易程度做到心中有数。

所谓结构工艺性好，是指在一定的工艺条件下，既能方便制造，又有较低的成本。王家珂主编《机械零件加工工艺编制》在轴类零件加工工艺编制与实施一章中列举了常见的零件结构工艺性分析实例。一般情况下，指导教师所给课程设计零件具有较好的工艺性，但学生如发现零件的结构工艺性差，或尺寸不全，可向教师提出。

零件各尺寸精度等级、各表面形状位置精度一般不同，设计开始前应找出精度要求高的参数及其所涉及的表面。

绘制被加工零件图的目的是加深对零件的理解，并非机械地抄图。绘图时应进一步认识、分析零件。学生就原始零件图上遗漏、错误、工艺性差或不符合标准处所提出的修改意见，经指导教师认可后，在绘图时加以改正。应按机械制图国家标准仔细绘图，除特殊情况需经指导教师同意外，均按 1∶1 比例画出。

2. 明确生产类型和工艺过程特点

在计划期内应当生产的产品产量和进度计划称为生产纲领。计划期为一年的生产纲领称为年生产纲领。

根据产品大小和年生产纲领，可按表 1-1 所示明确零件的生产类型。

表 1-1　生产类型与零件的年生产纲领的关系　　　　　　　　　　件/年

生产类型		零件的年生产纲领		
		重型(零件质量大于2000kg)	中型(零件质量100～2000kg)	小型(零件质量小于100kg)
单件生产		≤5	≤20	≤100
成批生产	小批生产	5～100	20～200	100～500
	中批生产	100～300	200～500	500～5000
	大批生产	300～1000	500～5000	5000～50000
大量生产		>1000	>5000	>50000

各种生产类型的工艺过程特点如表 1-2 所示。

表 1-2　各种生产类型的工艺过程特点

项目	生产类型		
	单件生产	成批生产	大批量生产
工件的互换性	一般是配对制造,没有互换性,广泛用钳工修配	大部分有互换性,少数用钳工修配	全部有互换性,某些精度较高的配合件用分组选择装配法

项目	生产类型		
	单件生产	成批生产	大批量生产
毛坯的制造方法及加工余量	铸件用木模手工造型,锻件用自由锻。毛坯精度低,加工余量大	部分铸件用金属模,部分锻件用模锻。毛坯精度中等,加工余量中等	铸件广泛采用金属模机器造型,锻件广泛采用模锻以及其他高生产率的毛坯制造方法。毛坯精度高,加工余量小
机床设备	通用机床,或数控机床、加工中心	数控机床、加工中心或柔性制造单元。设备条件不够时,也采用部分通用机床、专用机床	专用生产线、自动生产线、柔性制造生产线或数控机床
夹具	多用标准附件,极少采用夹具,靠划线及试切法达到精度要求	广泛采用夹具或组合夹具,部分靠加工中心一次安装	广泛采用高生产率夹具,靠夹具及调整法达到精度要求
刀具与量具	采用通用刀具和万能量具	可以采用专用刀具及专用量具或三坐标测量机	广泛采用高生产率刀具和量具,或采用统计分析法保证质量
对工人的要求	需要技术熟练的工人	需要一定熟练程度的工人和编程技术人员	对操作工人的技术要求较低,对生产线维护人员要求高
工艺规程	有简单的工艺卡	有工艺规程,对关键零件有详细的工艺规程	有详细的工艺规程

3. 选择毛坯,确定毛坯的尺寸与公差

(1) 选择毛坯

毛坯分为铸件、锻件、型材、焊接件等。各类毛坯的比较如表1-3所示。

表1-3　各类毛坯的比较

毛坯种类	制造精度（IT）	加工余量	原材料	工件尺寸	工件形状	机械性能	适用生产类型
型材	—	大	各种材料	小型	简单	较好	各种类型
型材焊接件	—	一般	钢材	大、中型	较复杂	有内应力	单件
砂型铸造	13级以下	大	铸铁、铸钢、青铜	各种尺寸	复杂	差	单件小批
自由锻造	13级以下	大	钢材为主	各种尺寸	较简单	好	单件小批
普通模锻	11～15	一般	钢、锻铝、铜等	中、小型	一般	好	中、大批量
钢模铸造	10～12	较小	铸铝为主	中、小型	较复杂	较好	中、大批量
精密锻造	8～11	较小	钢材、锻铝等	小型	较复杂	较好	大批量
压力铸造	8～11	小	铸铁、铸钢、青铜	中、小型	复杂	较好	中、大批量
熔模铸造	7～10	很小	铸铁、铸钢、青铜	小型为主	复杂	较好	中、大批量
冲压件	8～10	小	钢	各种尺寸	复杂	好	大批量
粉末冶金件	7～9	很小	铁、铜、铝基材料	中、小尺寸	较复杂	一般	中、大批量
工程塑料件	9～11	较小	工程塑料	中、小尺寸	复杂	一般	中、大批量

选择毛坯时应考虑以下因素。

① 生产批量的大小。当零件生产批量较大时,应采用精度与生产率都比较高的毛坯制

造方法，以便减少材料消耗和机械加工费用；当零件产量较小时，应选用精度和生产率较低的毛坯制造方法，如自由锻造锻件和手工造型铸件等。

② 零件材料及对材料组织和性能的要求。铸铁、青铜、铝等材料具有较好的可铸性，可用于铸件，但可塑性较差，不宜做锻件。重要的钢制零件，为保证良好的力学性能，无论结构形状简单还是复杂，均不宜直接选取轧制型材，而应选用锻件毛坯。锻件机械性能较好，有较高的强度和冲击韧性，但毛坯的形状不宜复杂，如轴类和齿轮类零件的毛坯常用锻件。

③ 零件的结构形状及外形尺寸。铸件毛坯的形状可以相当复杂，尺寸可以相当大，且吸振性能较好，但铸件的机械性能较低，一般壳体零件的毛坯多用铸件。台阶直径相差不大的阶梯轴，可直接选取圆棒料（力学性能无特殊要求时）；直径相差较大时，为减少材料消耗和机械加工劳动量，则宜选择锻件毛坯。一些非旋转体的板条形钢制零件，多为锻件。尺寸大的零件，目前只能选取毛坯精度和生产率都比较低的自由锻造和砂型铸造；而中小型零件，则可选用模锻、精锻、熔模铸造及压力铸造等先进的毛坯制造方法。

型材包括圆形、方形、六角形及其他断面形状的棒料、管料及板料。棒料常用在普通车床、六角车床及自动和半自动车床上加工轴类、盘类及套类等中小型零件。冷拉棒料比热轧棒料精度高且机械性能好，但直径较小。板料常用冷冲压的方法制成零件，但毛坯的厚度不宜过大。

④ 现有生产条件。选择毛坯时，要考虑毛坯制造的实际水平、生产能力、设备情况及外协的可能性和经济性。

（2）确定毛坯的尺寸与公差

由零件的最终加工尺寸和加工余量可确定毛坯的尺寸，对于铸件可依据国家标准"GB/T 6414—2017 铸件 尺寸公差、几何公差与机械加工余量"，对于锻件可依据国家标准"GB/T 12362—2016 钢质模锻件公差及机械加工余量"。具体详见第四章的"第十节 三、相关标准"的内容。

锻件机械加工余量与形状复杂系数和零件的表面粗糙度要求有关。形状复杂时，加工余量应大些；形状简单时，加工余量可小些。零件加工后，表面粗糙度有大有小，因此所需的锻件余量是不同的。根据形状复杂系数和粗糙度容易查得锻件机械加工余量，还可根据国家标准 GB/T 12362—2016 确定锻件模锻斜度和圆角半径。

4. 选择加工方法，拟定工艺路线

对于比较复杂的零件，可以先考虑几个加工方法，经分析比较后，从中选出比较合理的加工方法，需要完成以下工作。

（1）选择定位基准

定位是让工件占有正确位置的过程，夹紧是指在工件定位后将其固定。掌握"六点定位原理"，懂得"过定位""欠定位""完全定位""不完全定位"是选择定位基准的基础。

定位基准分为粗基准和精基准。未经机械加工的毛坯表面作定位基准，称为粗基准，粗基准往往在第一道工序第一次装夹中使用。如果定位基准是经过机械加工的，称为精基准。精基准和粗基准的选择原则是不同的。

① 选择粗基准。

选择粗基准时，主要考虑如何保证加工表面与不加工表面之间的位置和尺寸要求，保证加工表面的加工余量均匀和足够，以及减少装夹次数等。具体原则有以下几方面。

a. 粗基准要选择平整、面积大的表面。

b. 如果零件上有一个不需加工的表面，在该表面能够被利用的情况下，应尽量选择该表面作粗基准。

c. 如果零件上有几个不需要加工的表面，应选择其中与加工表面有较高位置精度要求的不加工表面作为第一次装夹的粗基准。

d. 如果零件上所有表面都需机械加工，则应选择加工余量最小的毛坯表面作粗基准。

e. 粗基准一般只能用一次。

② 选择精基准。选择精基准时，主要应考虑如何保证加工表面之间的位置精度、尺寸精度和装夹方便，其主要原则如下。

a. 基准重合原则。即选择设计基准作为本道加工工序的定位基准，也就是说，应尽量使定位基准与设计基准相重合。这样可避免因基准不重合而引起的定位误差。

b. 基准统一原则。在零件加工的整个工艺过程中，或者有关的某几道工序中，尽可能采用同一个（或一组）定位基准来定位，称为基准统一原则。

c. 互为基准原则。若两表面间的相互位置精度要求很高，而表面自身的尺寸和形状精度很高时，可以采用互为基准、反复加工的方法。

d. 自为基准原则。如果只要求从加工表面上均匀地去掉一层很薄的余量时，可采用已加工表面本身作定位基准。

（2）选择表面加工方法

选择表面加工方法的原则是：既要保证精度要求，又要成本低，经济合算。例如，与外圆磨床相比，车床加工精度低，所获得的表面质量差，如要获得相同的加工精度，需要采取特别的措施，这样会大大增加成本，不够经济，因而不可取。各种加工方法在正常加工条件下（不采取特别的措施）所能保证的加工精度和表面粗糙度称为加工经济精度。很多工艺手册和工艺教材都有介绍"加工方法"或"经济精度"的章节，查阅这些资料，掌握各种加工方法及其所对应的经济精度可帮助正确选择加工方法。

（3）安排加工顺序，划分加工阶段，拟定工艺路线

这部分内容工艺教材都有介绍。工艺过程一般分为粗加工阶段和精加工阶段，有时分得更细。精加工阶段倾向于采用先进、精密的设备，粗加工阶段使用普通设备和一般技术水平的工人，这种分开是必要的，可合理利用设备和人员。

机械加工顺序的安排一般应为：先粗加工，后精加工；先加工面，后加工孔；先加工主要表面，后加工次要表面；先加工用于定位的基准，再以基准定位加工其他表面；热处理按段穿插，检验按需安排。还需考虑工序集中与分散等问题。

工艺教材对外圆、内孔、平面（即所谓的典型表面）的加工路线都有详细介绍，学生可阅读相关内容。

5. 进行工序设计和工艺计算

（1）选择机床及工艺装备

机床是加工装备，其他装备包括刀具、夹具、量具等。中批生产条件下，通常采用通用机床加专用工具、夹具；大批大量生产条件下，多采用高效专用机床、组合机床流水线、自动线与随行夹具。产品变换多，宜选数控机床；零件有难以加工或无法加工的复杂曲线、曲面，也宜选用数控机床。大型零件选择大型机床加工；小型零件选择小型机床加工。

多数工艺手册都有专门章节分别介绍常用机床、刀具、磨具、量具、量仪。通过第四章

"第十节　工艺设计手册、教材与相关标准参考书目"的"一、工艺设计手册"部分，可查阅工艺设计过程中涉及的相关工艺参数，进而根据所提供的机床技术参数可知其加工零件的尺寸范围，以及刀具材料的种类、牌号、用途。

刀具一般都有国家标准，如"GB/T 6117.1—2010 立铣刀　第 1 部分：直柄立铣刀""GB/T 6135.3—2008 直柄麻花钻　第 3 部分：直柄麻花钻的型式和尺寸""GB/T 17985.2—2000 硬质合金车刀　第 2 部分：外表面车刀"。

在"百度搜索"中输入"刀具国家标准目录"，即可查到刀具各标准的名称，然后按标准名称便可查到标准的具体内容。例如，在"百度搜索"中输入"GB 直柄立铣刀"，便可直接查到该刀具的国家标准。

应将选定的机床或工装的有关参数如机床型号、规格、工作台宽、T 形槽尺寸、刀具形式、规格记录下来，为后面填写工艺卡和进行夹具设计做好必要准备。

（2）确定加工余量和工序尺寸

与机械制造工艺相关的教材一般都有"加工余量、工序尺寸及公差确定"的实例。这里仅作简要说明。各工序加工余量的大小与上道工序的尺寸公差、表面粗糙度、表面缺陷层深度等因素有关。从多数工艺手册可直接查得所需的加工余量数值。例如，依据第四章第八节、第九节相关内容，可查得：

① "平面加工余量"，即根据加工平面长度和宽度，直接查得铣、刨、磨粗、精加工余量；

② "外圆的加工余量"，即根据轴径和加工长度，直接查得车、磨粗、精加工余量；

③ "内孔加工余量"，即根据孔的直径，直接查得钻、镗、磨、研磨的加工余量；

④ 加工 M10 的粗牙普通螺纹孔，应该选用直径为 8.5mm 的麻花钻钻底孔。有些工艺手册还附有"加工余量、工序尺寸及公差确定"的例题。

将最终加工工序的尺寸（即设计尺寸），加上由表查得的最终工序的加工余量，可得到倒数第二道工序的基本尺寸。其他各工序的基本尺寸依此类推。

除最终工序外，其他各工序按其所用加工方法的经济精度确定工序尺寸公差（最终工序的公差按设计要求确定）。按"入体原则"标注工序公差。例如，轴的上极限偏差为 0，孔的下极限偏差为 0。

（3）选择各工序切削用量

切削速度、切削深度和进给量称为切削用量三要素。

在单件小批生产中，一般不具体规定切削用量，而是由操作工人根据具体情况自己确定，以简化工艺文件。在成批大量生产中，则应科学地、严格地选择切削用量，以充分发挥高效率设备的潜力和作用。

对于本课程设计，在机床、刀具、加工余量等已确定的基础上，学生可用公式计算 1～2 道工序的切削用量，其余各工序的切削用量可由工艺手册、《切削用量简明手册》中查得。

下面着重介绍一种确定车削用量的方法，铣削、钻削、刨削等切削用量的选择可依此类推。所述方法参见第四章"第十节　工艺设计手册、教材与相关标准参考书目"的"一、工艺设计手册"中"[3] 艾兴，肖诗纲. 切削用量简明手册. 第 3 版 [M]. 北京：机械工业出版社，2004."的例题一。

① 选择刀具。

a. 在切削用量相关内容中查表"车刀刀杆及刀片尺寸的选择"，依据该表可根据所选车床的中心高确定刀杆与刀片的总尺寸。

b. 在切削用量相关内容中查表"车刀切削部分的几何形状"，按该表根据所加工材料的不同，初步选择车刀的前角、后角、主偏角、副偏角、刀尖圆弧半径、卷屑槽尺寸。

c. 依据教材所介绍的刀具知识选择刀具材料。

② 选择切削用量。

a. 确定切削深度 a_p。粗、精加工各工序尽可能一次切除工序余量，在机床、刀具刚度较弱时，也可以多次进给 a_p。

b. 确定进给量 f。在切削用量相关内容中或杨叔子主编《机械加工工艺师手册》中查表"硬质合金及高速钢车刀粗车外圆和端面的进给量""硬质合金外圆车刀半精车时的进给量"等，按表根据 a_p 选择进给量 f。

在车床技术资料所提供的走刀量数值系列中，选择与 f 最接近的数值作为实际进给量。

c. 选择车刀磨钝标准及耐用度。在切削用量相关内容中或杨叔子主编《机械加工工艺师手册》中查表"刀具磨钝标准及耐用度"，根据刀具材料、加工材料、加工性质（指粗车、半精车、精车）选择磨钝标准及耐用度。磨钝标准指后刀面允许的最大磨损值，耐用度指车刀达到磨钝标准为止的净切削时间。

d. 确定切削速度 v。切削速度可根据公式计算，也可直接由表中查出。

在切削用量相关内容中或杨叔子主编《机械加工工艺师手册》中查"车削速度的计算公式"，根据加工材料、刀具材料、进给量 f、切削深度 a_p、刀具耐用度可计算车削速度。如实际加工条件有变化，应乘以修正系数。

以上是利用公式计算车削速度，也可在工艺手册或切削手册中查"车削速度"有关表格直接得到车削速度，必要时也可乘以修正系数。

将上述线速度换算为车床转速。在车床技术资料所提供的各级转速中，选择与上述结果最接近的值，作为车床实际转速。

e. 强度与功率校核。在单件、小批量生产中，常不具体规定切削用量，而由操作工人确定。与此相比，前述步骤使得切削用量的选择有依据，比较合理。而进行强度与功率的校核，则使切削用量的选择更具科学性、先进性。

由工艺手册或切削手册的公式或数据表，根据前面选择的切削深度 a_p、进给量 f、切削速度 v 可计算出或直接查到切削力和切削功率。由切削用量算出或查出的切削力不能超过车床及刀片的强度许可范围，切削功率应小于车床电动机的功率与机械效率的乘积。

车削力包括主车削力 F_z、径向车削力 F_y、走刀力（轴向力）F_x。有些手册中能查到机床允许的最大走刀力，根据切削用量算出或查出的走刀力（轴向力）F_x 应该小于该值。

有的手册查到的是切削功率 P_m，而有的手册查到的是单位切削功率 P_s，将 P_s 乘以切削速度 v、切削深度 a_p、进给量 f 可得到切削功率 P_m。切削功率由主切削力得到，忽略其他切削力。

如由选择的切削用量得到的切削力和切削功率过大，则应减小切削用量。

（4）计算时间定额

时间定额规定生产一件产品或完成一道工序所需的时间。根据时间定额和加工工件的数量可计算工人的劳动时间，核算工人工资。时间定额包括：①直接用于改变生产对象尺寸、形状等所需的基本时间 $t_基$；②装夹工件、开停车等所需辅助时间 $t_辅$；③布置工作地（如清理铁屑等）的时间 $t_布置$；④休息及生理需要时间 $t_休$；⑤加工前熟悉工艺文件、加工后归还工艺装备等准备终结时间 $t_{准终}$。

各种工艺手册都有基本时间 $t_{基}$ 的计算公式，其基本原理是位移、速度、时间的关系，这种计算是容易的。工艺手册中还有"装夹工件时间""卸下工件时间"，依据这些数据表，由所用的机床、加力方法可查得装夹时间，从而确定 $t_{辅}$。将 $t_{基}$、$t_{辅}$ 的总和称为操作时间。$t_{布置}$ 取操作时间的 $2\%\sim7\%$ 来计算，$t_{休}$ 取操作时间的 2% 来计算。设一批加工的零件数量为 n，则单件工时定额为：$T_{定额}=(t_{基}+t_{辅}+t_{布置}+t_{休}+t_{准终})/n$。

本次设计作为一种对时间定额确定方法的了解，只确定 $1\sim2$ 道工序的单件时间定额，可采用查表法或计算法。

6. 画工序简图及填写工艺文件

工艺文件有多种，比较常用的有机械加工工艺过程卡和机械加工工序卡。表 1-4 机械加工工艺过程卡、表 1-5 机械加工工艺过程卡的填写、表 1-6 机械加工工序卡、表 1-7 机械加工工序卡的填写都是机械行业标准"JB/T 9165.2—1998 工艺规程格式"中的内容，在网上也很容易搜索到该标准。

表 1-4　机械加工工艺过程卡

25	机械加工工艺过程卡		产品型号		零件图号					
			产品名称		零件名称			共　页　第　页		
材料牌号	(1) 30	毛坯种类 15	(2) 30	毛坯外形尺寸 25	(3) 29	每毛坯可制件数 25	(4) 10	每台件数	(5) 10	备注 10	(6) 20
工序号	工序名称	16	工序内容		车间	工段	设备	工艺装备		工时 准终	单件
(7)	(8)	8	(9)		(10)	(11)	(12)	(13)		(14)	(15)
8	10				8		20	75		10	10

（表中左侧标注：18×8=144）

描图　描校　底图号　装订号

设计(日期)	审核(日期)	标准化(日期)	会签(日期)

标记	处数	更改文件号	签字	日期	标记	处数	更改文件号	签字	日期

表 1-5　机械加工工艺过程卡的填写

空格号	填写内容
（1）	材料牌号按设计图样要求填写
（2）	毛坯种类填写铸件、锻件、钢条、钢板等
（3）	进入加工前的毛坯外形尺寸
（4）	每毛坯可加工同一零件的数量

空格号	填写内容
(5)	每台件数按设计图样要求填写
(6)	备注可根据需要填写
(7)	工序号
(8)	各工序名称
(9)	各工序和工步、加工内容和主要技术要求 工序中的外协工序也要填写,但只写工序名称和主要技术要求,如热处理的硬度和变形要求、电镀层的厚度等。设计图样标有配作配钻时,或根据工艺需要装配时配作、配钻的,应在配作前的最后工序另起一行注明,如××孔与××件装配时配钻,××部位与××件装配后加工等
(10)、(11)	分别填写加工车间和工段的代号或简称
(12)	填写设备的型号或名称,必要时还填写设备编号
(13)	填写编号(专用的)或规格、精度、名称(标准的)
(14)、(15)	分别填写准备与终结时间和单位时间定额

表 1-6　机械加工工序卡

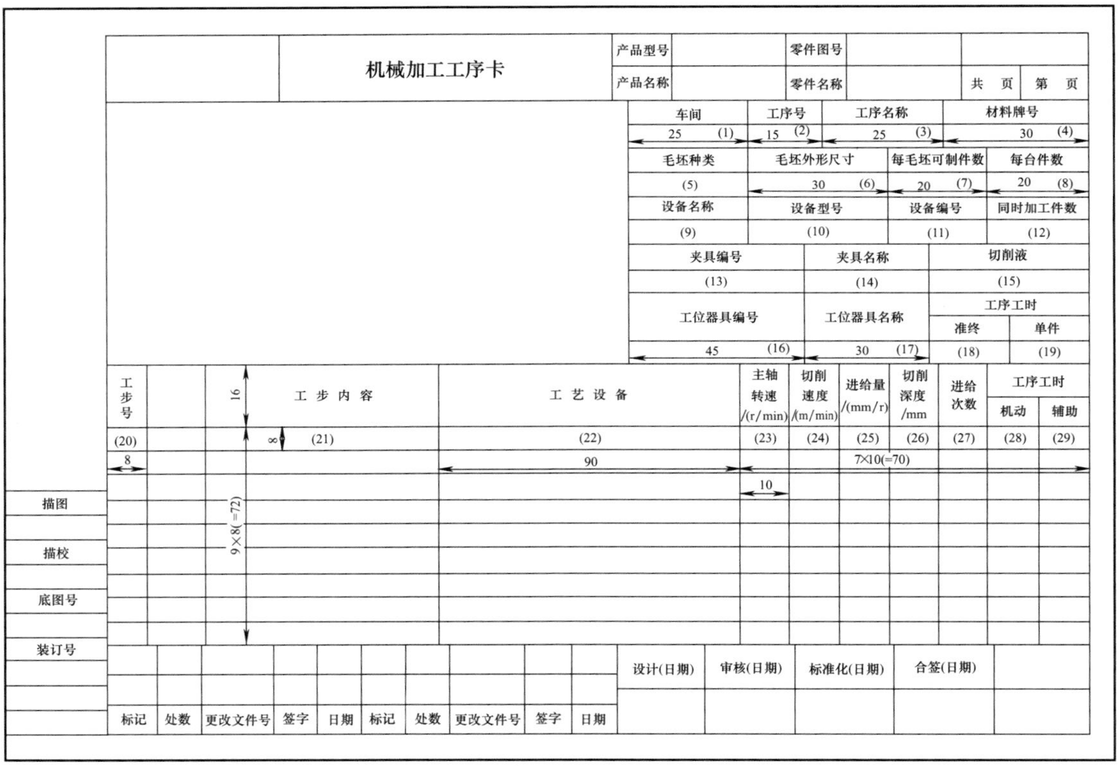

表 1-7　机械加工工序卡的填写

空格号	填写内容
(1)	执行该工序的车间名称或代号
(2)~(8)	按表 1-4 中的相应项目填写
(9)~(11)	填写该工序所用设备的型号、名称,必要时填写设备编号

空格号	填写内容
(12)	在机床上同时加工的件数
(13)、(14)	该工序需使用的各种夹具名称和编号
(15)	该工序需使用的各种工位器具的名称和编号
(16)(17)	机床所用切削液的名称和牌号
(18)(19)	工序工时的准终、单件时间
(20)	工步号
(21)	各工步名称、加工内容和主要技术要求
(22)	各工步所需用的辅模具、刀具、量具,专用的填编号,标准的填规格、精度、名称
(23)~(27)	加工规范,一般工序可不填,重要工序可根据需要填写
(28)、(29)	分别填写本工序机动时间和辅助时间定额

阅读本章中的"机械加工工艺过程卡和机械加工工序卡"部分内容以及"第二章 典型零件工艺分析及机械加工工艺过程卡"可看到工艺规程的主要格式,还可从中领会工艺文件,如工序卡中工序简图的画法。

① 根据到本工序结束为止的工件的实体形状,按投影关系画视图。显然,尚未加工的结构不应在工序简图中反映出来。简图也可以只画出与加工部位有关的局部视图,除加工面、定位面、夹紧面、主要轮廓面外,其余线条可省略。对于一条线是否该画,以必需、明了为评判尺度。

② 一般只标注由本工序所形成的尺寸、本工序所加工表面的形状位置公差、表面粗糙度等。与本工序无关的尺寸、参数和技术要求不予标注。

③ 加工部位用粗实线,其他部位用细实线。

④ 工序图上标明定位、夹紧符号。

定位、夹紧符号已有标准,在"百度"中输入"机械加工定位、夹紧符号"可查到,这里摘录部分内容(表1-8),可在定位符号旁注明所限制的自由度数目。

表 1-8 部分定位、夹紧符号

分类	标注位置	独立定位		联合定位	
		标注在视图轮廓上	标注在视图正面上	标注在视图轮廓上	标注在视图正面上
定位支承符号	固定式				
	活动式				
辅助支承符号					
夹紧符号	机械夹紧				

分类 / 标注位置		独立定位		联合定位	
		标注在视图轮廓上	标注在视图正面上	标注在视图轮廓上	标注在视图正面上
夹紧符号	液压夹紧	Y↓	Y↓	Y↓↓	Y↓↓
	气动夹紧	Q↓	Q↓	Q↓↓	Q↓↓
	电磁夹紧	D↓	D↓	D↓↓	D↓↓

（二）专用夹具设计

1. 夹具设计相关说明

设计一套指定工序的专用夹具，具体内容也可由学生本人提出，经指导教师同意后确定。

夹具设计应根据零件工艺设计中所规定的原则和要求来进行（在工厂中是由工艺人员下达专用夹具设计任务书加以明确的）。如工序名称、加工技术要求、机床型号、前后工序关系、定位基准、夹紧部位、同时加工零件数等。

夹具设计时，除应满足工艺设计规定的精度和生产率要求外，还应符合可靠、简单、方便的原则。例如：零件在夹具中装卸方便；夹具在机床上装夹、校正方便；加工中对刀、测量方便；操作方便、省力、安全等。此外，还应易于排屑，夹具本身结构工艺性要好。

2. 专用夹具设计准备工作

设计夹具要查阅夹具设计手册。

学生应设计专用夹具 1～2 套。所设计的夹具，其零件数以 20～40 件为宜，即应具有中等以上的复杂程度。

夹具设计是工艺装备设计的一项重要工作，是工艺系统中最活跃的因素，是机械工程师必备的知识和技能，也是学生学习的薄弱环节，学生应充分重视、认真训练。

首先应做好设计准备工作，收集原始资料，分析研究工序图，明确设计任务。专用夹具设计应根据零件工艺设计中相应工序所规定的内容和要求进行，与加工技术要求、机床型号、前后工序关系、定位基准、夹紧部位、同时加工零件数相适应。

3. 专用夹具装配图绘制的步骤

夹具设计可分为拟定方案、绘制装配图、绘制专用零件图 3 个阶段。绘制装配图的具体步骤如下。

（1）布置图面

选择适当比例（尽可能用 1：1 比例），在图纸上用双点画线绘出被加工工件各个视图的轮廓线及其主要表面（如定位基面、夹紧表面、本工序的加工表面等），各视图之间要留有足够空间，以便绘制夹具元件、标注尺寸、引出件号。

（2）设计定位元件

根据选好的定位基准确定出定位元件的类型、尺寸、空间位置及其详细结构，并将其绘制在相应的视图上（按接触或配合的状态）。圆柱销、菱形销、支撑钉、支撑板、V形块这些常用定位元件已有标准，应查阅《夹具设计手册》，按标准的要求确定定位元件的形状、尺寸、公差配合及其他技术要求。部分大型工艺手册中也有这类标准。

可以考虑进行定位误差的分析计算。

（3）设计导向和对刀元件

在分析加工方法及工件被加工表面的基础上，确定出用于保证刀具和夹具相应位置的对刀元件类型（钻床夹具用导套、铣床夹具用对刀块）、结构、空间位置，并将其绘制在相应的位置上。固定钻套、快换钻套、对刀板这些导向、对刀元件应依据《夹具设计手册》已有标准设计。

部分大型工艺手册中也有这类标准。

（4）设计夹紧元件

夹紧装置的结构与空间位置的选择取决于工件形状、工件在加工中的受力情况以及对夹具的生产率和经济性等要求，其复杂程度应与生产类型相适应。注意使用快卸结构。工艺教材、夹具设计手册或大型工艺手册均介绍斜楔夹紧机构、螺旋夹紧机构、偏心夹紧机构、铰链夹紧机构、定心夹紧机构。参考《机床夹具设计图册》可以开阔思路。还可以考虑进行夹紧力的计算。

（5）设计其他元件和装置

其他元件和装置包括定位夹紧元件的配套装置、辅助支撑、分度转位装置等。

（6）设计夹具体

通过夹具体将定位元件、对刀元件、夹紧元件、其他元件等所有装置连接成一个整体。夹具体还用于保证夹具相对于机床的正确位置。铣夹具要有定位键，车夹具注意与主轴连接，钻夹具注意钻模板的结构设计。

（7）画工序图

在装配图适当的位置上画上缩小比例的工序图，以便于审核、制造、检验者在阅读时对照。

（8）标注

在装配图上标注夹具轮廓尺寸，引出件号，确定技术条件，编制零件明细表。夹具装配图绘制完成后，还需绘制相应的专用零件图（通常为夹具体）。

（三）编写课程设计说明书

（1）说明书的成文格式与作用

学生在完成上述全部工作之后，应编写设计说明书一份。说明书用 A4 纸打印，并装订成册。

说明书是课程设计总结性文件。通过编写说明书，进一步培养学生分析、总结和表达的能力，巩固、深化在设计过程中所获得的知识。编写说明书是本次设计工作的一个重要组成部分。

说明书应概括介绍设计全貌，对设计中的各部分内容应作重点说明、分析论证及必要的计算。要求系统性好，条理清楚，图文并茂，充分表达自己的见解，避免抄书。文内公式、图表、数据等内容，应在参考文献中以"［　］"注明出处。

说明书要求字迹工整，语言简练，文字通顺，图例清晰。

学生从设计一开始就应随时逐项记录设计内容、计算结果、分析意见和资料来源，以及教师的合理意见、自己的见解与结论等。每一设计阶段后，随即整理、编写出有关部分的说明书，待全部设计结束后，只要稍加整理，便可装订成册。

（2）说明书的主要内容提要

说明书一般包括以下主要内容。

① 目录。

② 设计任务书。

③ 总论或前言。

④ 零件的工艺分析（零件的作用、结构特点、结构工艺性、关键表面的技术要求分析等）。

⑤ 工艺设计。

a. 确定生产类型。采用流水线、自动线生产时，还应计算生产节拍。

b. 毛坯选择与毛坯图说明。

c. 工艺路线的确定（粗、精基准的选择，各表面加工方法的确定，工序集中与分散的考虑，工序顺序安排的原则，加工设备与工艺装备的选择，不同方案的分析比较等）。

d. 加工余量、切削用量、工时定额的确定（说明数据来源，计算教师指定工序的时间定额）。

e. 工序尺寸与公差的确定（只进行教师指定的一两个工序尺寸的计算，其余只简要说明或直接写入工序卡片的工序简图上）。

⑥ 夹具设计。

a. 设计思想与不同方案对比。

b. 定位分析与定位误差计算。

c. 对刀及导引装置设计。

d. 夹紧机构设计与夹紧力计算。

e. 夹具操作动作说明（也可和 a 项合并进行）。

⑦ 设计心得体会。

⑧ 参考文献书目（书目前排列序号，以便于正文引用）。

（四）参考资料

工艺设计离不开工艺手册、夹具手册、切削用量手册等资料，需经常查阅。第四章"第十节 工艺设计手册、教材与相关标准参考书目"集中了这些手册、教材以及常用的标准。其中"一、工艺设计手册"和"三、相关标准"可以通过加入编者的"机制工艺综合实训"，QQ 号为"730530460"的相关栏目中，下载 30 项设计手册与标准资料。

四、对学习者的建议

学习者开展机械类专业工艺夹具课程（毕业）设计，应从贯彻标准化原则、撰写说明书应注意的事项以及拟定工艺路线应注意的事项 3 个方面入手，具体建议如下。

（一）设计应贯彻标准化原则

在设计过程中，自始至终必须注意在以下几个方面贯彻标准化原则，在引用和借鉴他人的资料时，如发现使用旧标准或不符合相应标准的，应作出如下修改。

① 图纸的幅面、格式应符合国家标准的规定。

② 图纸中所用的术语、符号、代号和计量单位应符合相应的标准规定，文字应规范。

③ 标题栏、明细栏的填写应符合标准。

④ 图样的绘制和尺寸的标注应符合机械制图国家标准的规定。

⑤ 有关尺寸、尺寸公差、形位公差和表面粗糙度应符合相应的标准规定。

⑥ 选用的零件结构要素应符合有关标准。

⑦ 选用的材料、标准件应符合有关标准。

⑧ 应正确选用标准件、通用件和代用件。

⑨ 工艺文件的格式应符合有关标准。

（二）撰写说明书应注意的事项

说明书应概括地介绍设计全貌，对设计中的各部分内容应作重点说明、分析论证及必要的计算。要求系统性好、条理清楚、图文并茂，充分表达自己的见解，避免抄书。

① 学生从设计一开始就应随时逐项记录设计内容、计算结果、分析意见和资料来源，以及教师的合理意见、自己的见解与结论等。每一设计阶段过后，即可整理、编写出有关部分的说明书，待全部设计结束后，只要稍作整理，便可装订成册。不要完全集中在设计后期完成，既节省时间，又避免错误。

② 说明书要求字迹工整，语言简练，文字通顺，逻辑性强；文中应附有必要的简图和表格，图例应清晰。

③ 所引用的公式，数据应注明来源，文内公式、图表、数据等出处应以"［］"注明参考文献的序号。具体详见第四章第十节的"一、工艺设计手册""二、教材""三、相关标准"格式以及"《信息与文献参考文献著录规则》（GB/T 7714—2015）"排写格式要求。

④ 计算部分应有相关的计算过程。

⑤ 说明书封面应采用规定的统一格式，若学生自行打印说明书，则内芯用A4纸，四周边加框线，打印后装订成册。

（三）拟定工艺路线应注意的事项

拟定工艺路线，尤其是在选择加工方法、安排加工顺序时，需要注意以下事项。

（1）表面成形

应首先加工出精基准面，再尽量以统一的精基准为定位基准来加工其余表面，并要考虑到各种工艺手段最适合加工什么表面。

（2）保证质量

应注意在各种加工方案中保证尺寸精度、形状精度和表面相互位置精度的能力；是否要粗精分开，各加工阶段应如何划分；怎样保证被加工零件无夹压变形；怎样减少热变形；采用怎样的热处理手段以改善加工条件，消除应力和稳定尺寸；如何减小误差复映；对某些有相互位置精度要求且要求极高的加工表面，可考虑采用互为基准反复加工等工艺措施。

（3）减小消耗，降低成本

要注意发挥企业原有的优势和潜力，充分利用现有的生产条件和设备；尽量缩短工艺准备时间并迅速投产，避免使用贵重稀缺材料。

（4）提高生产率

在现有通用设备的基础上考虑成批生产的工艺时，工序宜分散，并配备足够的专用工艺装备；当采用高效机床、专用机床或数控机床时，工序宜集中，以提高生产效率，保证质量。应尽可能减少被加工零件在车间内和车间之间的流转，必要时考虑引进先进、高效的工艺技术。

（5）确定机床和工艺装备

选择机床和工艺装备时，其型号、规格、精度应与被加工零件的尺寸大小、精度、生产纲领和企业具体生产条件相适应。

在课程设计中，专用夹具、专用刀具和专用量具统一采用以下代号编号方法。如 D—刀具；J—夹具；L—量具；C—车床；X—铣床；Z—钻床；B—刨床；T—镗床；M—磨床。

专用工艺装备编号示例如下：CJ-01，车床专用夹具 1 号；ZD-02，钻床专用刀具 2 号；YG-01，滚齿机床专用夹具 1 号；YT-01，剃齿机床专用夹具 1 号；TL-01，镗床专用量具 1 号。工艺装备代号编制方法示例如表 1-9 所示。

表 1-9　工艺装备代号编制方法示例

产品型号	JSQ001		零(部)件图号	JSQ001-1	
产品名称	减速器		零(部)件名称	减速器三联齿轮	
工艺装备					
专用夹具		专用检测量具		备注	
精车夹具	GJSQ001-1-CJ	圆孔塞规	LJSQ001-1-SC	车削使用的量具	
滚齿夹具	GJSQ001-1-YG				
钻床夹具	GJSQ001-1-ZZ	圆孔塞规	LJSQ001-1-SZ	钻孔使用的量具	
攻螺纹夹具	GJSQ001-1-ZG	位置度检具	LJSQ001-1-ZJ		
剃齿夹具	GJSQ001-1-YT				
磨床夹具	GJSQ001-1-MJ	卡规	LJSQ001-1-KM	磨削平面厚度检具	

（6）工艺方案的对比取舍

为保证产品质量的可靠性，应对各工艺方案进行经济性分析，对生产率和经济性进行对比（注意：在何种情况下主要对比各种方案的工艺成本，在何种情况下主要对比各种方案的投资回收期），最后综合对比结果，选取最优的工艺方案。

五、工艺编制与夹具设计的内容

机械制造工艺编制与机床夹具设计的文本内容包括封面、任务书、前言、目录、正文、心得体会、参考文献、附录（可选）、课程设计有关图纸等。

（一）文本内容及要求

1. 封面

① 按照"（三）封面格式"形式，课程设计题目采用黑体小二号字填写。

② 署名中应注明班级、专业、学号、学生姓名、指导教师姓名，采用宋体四号字。

③ 题目应该简短、明确、有概括性，字数要适当。

2．任务书

按照"（五）任务书"格式填写课程设计任务书并打印。

3．前言

以浓缩的形式概括设计内容，大约为 300 汉字。其中"前言"字样用黑体小四号，位置居中；前言内容用宋体小四号。

4．目录

按照三级目录标题编写，层次要清晰，且与正文标题一致，还包括附录及主要参考文献等。

5．正文

正文部分要层次清楚，文字简练、通顺，重点突出。正文标题层次大致种类与格式如表 1-10 所示。

表 1-10　正文题序层次大致种类与格式

第一种	第二种	第三种	第四种	字体及位置要求
一、	第一章	第一章	1	黑体小二号，居中
（一）	一、	第一节	1.1	黑体小三号，靠左顶格
1.	（一）	一、	1.1.1	黑体四号，靠左顶格
（1）	1.	（一）		黑体小四号，靠左顶格（以下层次题序及标题同）

6．心得体会

对老师和给予指导或协助指导完成课程设计工作的组织和个人表示感谢。要文字简洁、实事求是，切忌浮夸和庸俗之词。

7．参考文献

参考文献附于文末，应包含以下项目。

① 期刊文献的格式。

［序号］主要责任者．文献题名［J］．刊名，出版年份，卷号（期号）：起止页码．

② 图书文献的格式。包括作者、书名、年份、班次、出版单位、页码。

［序号］主要责任者．文献题名［M］．出版地：出版者，出版年．

具体参见第四章第十节"一、工艺设计手册"之"［9］GB/T 7714—2005 信息与文献参考文献著录规则［S］．北京：中国标准出版社，2005."规定要求。

（二）文本打印要求

统一采用 A4 纸单面打印，正文部分一律采用小四宋体字，外文字母及阿拉伯数字采用 Times New Roma 小四号字型。

章节题目间、每节题目与正文之间空一个标准行（单倍行间距）。

页面设置：上边距 3.1cm，下边距 3.1cm，左边距为 2.5cm，右边距为 2cm，装订线 0.5cm，页眉 1.2cm，页脚 1.5cm，1.5 倍行距。

页眉设置：居中，以宋体小五号字输入"×××××学院机械制造工艺与机床夹具课程设计说明书"。

页脚设置：插入页码，居中。

_____学院

机械制造工艺编制与机床
夹具课程（毕业）设计说明书

题目：×××××××××××××××××的机械加工

工艺规程与专用夹具设计

姓名：_____   学号：_____

院系：_____

专业：_____

班级：_____

指导教师：_____

_____年_____月

（四）"课程（毕业）设计说明书"目录格式

目　　录

1　犁刀变速齿轮箱体零件图样分析
　1.1　箱体类零件的结构特点
　1.2　犁刀变速齿轮箱体零件图分析
　　1.2.1　图纸的技术性能分析
　　1.2.2　计算生产纲领、确定生产类型
2　零件分析
　2.1　零件的作用
　2.2　零件的工艺分析
3　确定毛坯、画毛坯-零件合图
　3.1　铸件尺寸公差
　3.2　铸件机械加工余量
　3.3　铸件的分型面与浇冒口
　3.4　确定毛坯、绘制毛坯-零件合图
4　工艺规程设计
　4.1　定位基准的选择
　　4.1.1　精基准的选择
　　4.1.2　粗基准的选择
　4.2　制定工艺路线
　　4.2.1　犁刀变速齿轮箱体零件各表面加工方法的拟定
　　4.2.2　拟定犁刀变速齿轮箱体零件加工工艺路线
　　4.2.3　犁刀变速齿轮箱体零件的机械加工工艺路线
　4.3　选择加工设备与工艺装备
　　4.3.1　铣镗各个表面的加工设备与工艺装备
　　4.3.2　钻扩铰攻各个表面的加工设备与工艺装备
　4.4　加工工序设计（即确定工序尺寸）
　　4.4.1　工序5粗铣及工序35精铣N面
　　4.4.2　工序10钻扩铰孔2×ϕ9F9与钻孔4×ϕ13mm
　　4.4.3　工序35粗镗
　　4.4.4　工序20铣凸台面工序
　　4.4.5　工序10的时间定额计算
　　4.4.6　填写机械加工工艺过程卡和机械加工工序卡
　4.5　夹具设计
　　4.5.1　确定设计方案
　　4.5.2　计算夹紧力并确定螺杆直径
　　4.5.3　定位精度分析
　　4.5.4　操作说明
5　心得体会
附录
　附表1　犁刀变速齿轮箱体零件机械加工工艺过程卡片
　附表2　犁刀变速齿轮箱体零件机械加工工序卡
参考文献

题目： 设计犁刀变速齿轮箱体零件的机械加工工艺规程
及钻 V 面 6 孔工序的专用夹具

内容： （1）零件-毛坯合图　　　　　　　　　1 张
　　　　（2）机械加工工艺规程卡片　　　　　1 套
　　　　（3）夹具总装配图　　　　　　　　　1 张
　　　　（4）夹具零件图　　　　　　　　　　1 张
　　　　（5）课程设计说明书　　　　　　　　1 份

原始资料： 零件图样 1 张；生产纲领为 6000 件/年；每日 1 班
（8 小时）。

姓名： _____　**学号：** _____

专业： _____

班级： _____

指导教师： _____

_____年_____月

（六）论文文本内容

在完成本章节开始所论及的文本内容（包括封面、任务书、正文、心得体会、参考文献、附录、有关图纸与表格）之后，就可以生成机械制造工艺与机床夹具课程设计文本内容的目录文件。

其中，以"第二部分　犁刀变速齿轮箱体的机械加工工艺规程与专用夹具设计实例"所选择的《设计犁刀变速齿轮箱体零件的机械加工工艺规程及钻 V 面 6 孔工序的钻床夹具》为设计正文，它涵盖了犁刀变速齿轮箱体的结构特点、犁刀变速齿轮箱体的加工工艺要素（生产纲领与生产类型、零件分析、毛坯与毛坯图、工艺规程设计、夹具设计）、心得体会、参考文献以及相关零件图、毛坯图、夹具总装图、指定夹具图、工艺过程卡、工序卡等构成的课程设计论文附件资料，形成了犁刀变速齿轮箱体零件工艺设计的整个过程与资料生成。

具体内容见本书"第二部分　犁刀变速齿轮箱体的机械加工工艺规程与专用夹具设计实例"。

第二章
典型零件工艺分析及机械加工工艺过程卡

本章选择 3 个轴类零件、3 个盘套类零件、3 个箱体类零件、3 个支架类零件为典型零件代表，并对其分别编制了工艺分析及机械加工工艺过程卡，介绍常用典型零件开展工艺分析的步骤与内容，以及相关机械加工工艺过程卡的编制实例。

第一节　轴类零件工艺分析及机械加工工艺过程卡

一、定位销轴零件的加工

定位销轴零件图如图 2-1 所示。其技术要求为：①尖角倒钝；②防锈处理；③热处理55～60HRC；④材料 T10A。

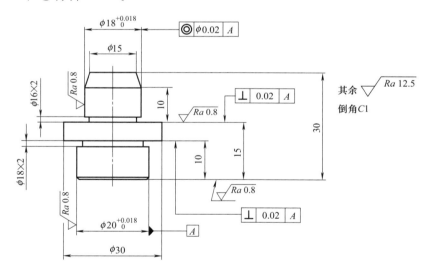

图 2-1　定位销轴零件图

（一）定位销轴零件的图样分析

① 图 2-1 中以 $\phi 20^{+0.018}_{0}$ mm 轴心线为基准，尺寸 $\phi 18^{+0.018}_{0}$ mm 与尺寸 $\phi 20^{+0.018}_{0}$ mm 两轴段的同轴度公差要求为 $\phi 0.02$mm。

② 图 2-1 中以 $\phi 20^{+0.018}_{0}$ mm 轴心线为基准，外径尺寸 $\phi 30$mm 的圆柱两端面与基准轴心线的垂直度公差为 0.02mm。

③ 工件热处理后硬度为 55～60HRC。

④ 选用材料为高级优质碳素工具钢 T10A。

（二）定位销轴零件的工艺分析

① 定位销轴在单件或小批量生产时，采用普通车床加工。批量较大时，可采用专业性较强的设备加工，如转塔车床等。

② 零件除单件下料外，批量生产时可采用 5 件一组连下。在车床上加工时，车一端后，用切刀切下一件，加工完一批后，再加工另一端面。

③ 由于该零件有同轴度要求，在车削工序需要加工出两端中心孔，零件淬火后，采用中心孔定位再磨削，这样可以更好地保证零件的精度要求。

④ 零件长度 L 和直径 D 的比值较小，在热处理时不容易变形，所以可留有较少的磨削余量。

⑤ 对精度要求较低的零件，可将粗、精加工合成为一道工序完成。

⑥ 同轴度和垂直度的检验可采用如图 2-2 所示的工具检测，也可采用偏摆仪检测。

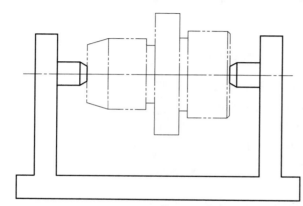

技术要求：
1. 顶尖和底座要有较好的平行度。
2. 其中一顶尖应为活顶尖。

图 2-2　定位销轴同轴度检具

（三）定位销轴零件的机械加工工艺过程卡

定位销轴零件的机械加工工艺过程卡见附表一。

二、凸轮轴零件的加工

（一）凸轮轴零件的图样分析

① 图 2-3 为凸轮轴零件图，以 $\phi30f7^{-0.020}_{-0.041}$ mm、$\phi28^{0}_{-0.013}$ mm 的轴心线为基准，其中外圆 $\phi28^{0}_{-0.013}$ mm 为基准 A，外圆 $\phi30^{-0.020}_{-0.041}$ mm 为基准 B，尺寸 $\phi40^{+0.033}_{+0.017}$ mm 相对于基准 A—B 的跳动公差要求为 0.015mm。

② 图 2-3 中半圆形槽的两个侧面相对于基准 A（$\phi28^{0}_{-0.013}$ mm）外圆面的对称度要求为 0.1mm。

③ 工件热处理后硬度为 40～45HRC。

④ 选用材料为 45 钢。

（二）凸轮轴零件的工艺分析

① 凸轮轴是轴类零件中比较复杂的一种曲轴。在磨削加工方面，凸轮轴也是比较难加

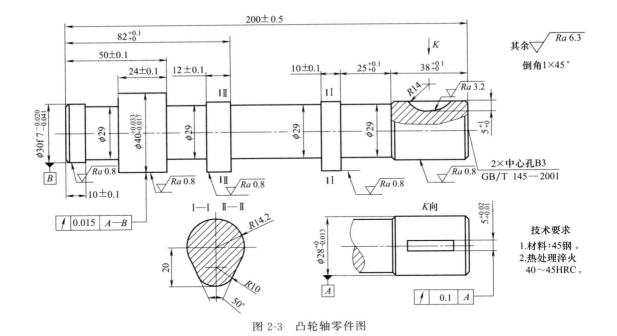

图 2-3　凸轮轴零件图

工的轴。凸轮轴在单件或小批量生产时，采用普通车床加工；批量较大时，可采用专业性较强的设备加工，如仿形车床、仿形铣床、仿形磨床等。

②凸轮轴的毛坯形式很多，对于材料为 45 钢的凸轮轴，其毛坯选择锻件。如果大批生产，可以采用模锻件。对于模锻件毛坯，尤其是精模锻件毛坯来说，毛坯精度是由锻模来保证的，其精度较高，加工余量也较小。毛坯锻造后，经过喷丸处理，使表面平整、光洁，无飞边、毛刺等缺陷。

③在确定粗基准时，常选择支承轴颈的毛坯外圆柱面及它的一个侧面作为定位基准。对于各支承轴径和连接轴颈外圆表面的半精加工、精加工及凸轮的半精加工、精加工及光整加工，均以两顶尖孔作为精基准。

④凸轮形面粗加工采用靠模仿形车削，凸轮形面精加工采用双靠模凸轮磨床或者数控凸轮磨床。

（三）凸轮轴零件的机械加工工艺过程卡

凸轮轴零件的机械加工工艺过程卡见附表二。

三、活塞杆零件的加工

如图 2-4 所示的活塞杆零件，其技术要求为：①1：20 锥度接触面积不少于 80%。②$\phi 50_{-0.025}^{0}$ mm部分渗氮层深度为 0.2～0.3mm，硬度为 62～65HRC。③材料为 38CrMoAlA。

（一）活塞杆零件的图样分析

① $\phi 50_{-0.025}^{0}$ mm×770mm 自身圆度公差为 0.005mm。

② 左端 M39×2-6g 螺纹与活塞杆 $\phi 50_{-0.025}^{0}$ mm 中心线的同轴度公差为 $\phi 0.05$ mm。

③ 1：20 圆锥面轴心线与活塞杆 $\phi 50_{-0.025}^{0}$ mm 中心线的同轴度公差为 $\phi 0.02$ mm。

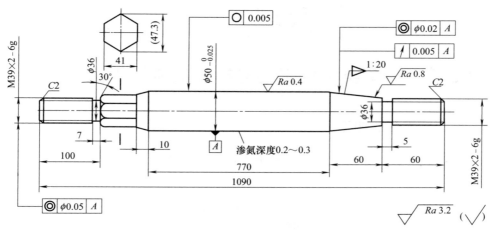

图 2-4　活塞杆零件图

④ 1∶20 圆锥面自身圆跳动公差为 0.005mm。

⑤ 1∶20 圆锥面涂色检查，接触面积不小于 80%。

⑥ $\phi 50_{-0.025}^{0}$ mm × 770mm 表面渗氮，渗氮层深度为 0.2～0.3mm，表面硬度为 62～65HRC。

材料 38CrMoAlA 是常用的渗氮处理用钢。

（二）活塞杆零件的工艺分析

① 活塞杆在正常使用中，承受交变载荷作用，$\phi 50_{-0.025}^{0}$ mm × 770mm 处有密封装置往复摩擦其表面，所以该处要求硬度高又耐磨。

活塞杆采用 38CrMoAlA 材料，$\phi 50_{-0.025}^{0}$ mm × 770mm 部分经过调质处理和表面渗氮后，心部硬度为 28～32HRC，表面渗氮层深度为 0.2～0.3mm，表面硬度为 62～65HRC。这样使活塞杆既有一定的韧性，又具有较好的耐磨性。

② 活塞杆结构比较简单，但长径比很大，属于细长轴类零件，刚性较差，为了保证加工精度，在车削时要粗车、精车分开，而且粗、精车一律使用跟刀架，以减少加工时工件的变形，在加工两端螺纹时要使用中心架。

③ 在选择定位基准时，为了保证零件同轴度公差及各部分的相互位置精度，所有的加工工序均采用两中心孔定位，符合基准统一原则。

④ 磨削外圆表面时，工件易产生让刀、弹性变形，影响活塞杆的精度。因此，在加工时应修研中心孔，保证中心孔的清洁，中心孔与顶尖间松紧程度要适宜，并保证良好的润滑。砂轮一般选择：磨料为白刚玉（WA），粒度为 F60，硬度为中软或中，陶瓷结合剂。另外，砂轮宽度应选窄些，以减小径向磨削力，加工时注意磨削用量的选择，尤其背吃刀量要小。

⑤ 在磨削 $\phi 50_{-0.025}^{0}$ mm × 770mm 外圆和 1∶20 锥度时，两道工序必须分开进行。在磨削 1∶20 锥度时，要先磨削试件，检查试件合格后，才能正式磨削工件。

1∶20 圆锥面的检查，是用标准的 1∶20 环规涂色检查，其接触面应不少于 80%。

⑥ 为了保证活塞杆加工精度的稳定性，在加工的全过程中，不允许人工校直。

⑦ 渗氮处理时，螺纹部分应采取保护装置进行保护。

（三）活塞杆零件的机械加工工艺过程卡

活塞杆零件的机械加工工艺过程卡见附表三。

第二节 盘套类零件工艺分析及机械加工工艺过程卡

一、偏心套零件的加工

偏心套零件如图 2-5 所示，其技术要求为：①未注倒角 $C0.5$；②热处理硬度为 $58\sim$ $64HRC$；③材料为 GCr15。

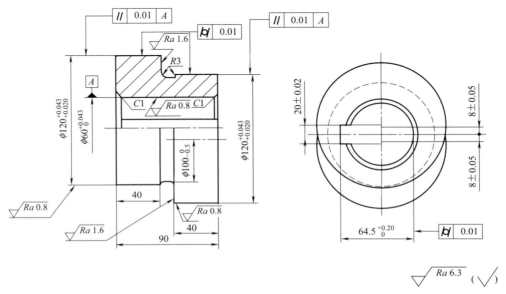

图 2-5 偏心套零件图

（一）偏心套零件的图样分析

① 偏心套为在 $180°$方向对称偏心，偏心距为 (8 ± 0.05)mm。

② $\phi120^{+0.043}_{+0.020}$ mm 偏心圆中心线对中心孔的轴线的平行度公差为 0.01mm。

③ $\phi120^{+0.043}_{+0.020}$ mm 外圆圆柱度公差为 0.01mm。

④ $\phi60^{+0.043}_{0}$ mm 内圆圆柱度公差为 0.01mm。

⑤ 未注倒角为 $C0.5$。

⑥ 材料为 GCr15。

（二）偏心套零件的工艺分析

① 该零件硬度较高，材料采用 GCr15 轴承钢，在进行热处理时，在淬火和回火之间，增加一工序冰冷处理，这样可以更好地保证工件尺寸的稳定性，减少变形。

② 为了保证工件偏心距的精度，可采用以下加工方法。

a. 当加工零件数量较多，精度要求较高时，一般应采用专用工装装夹工件进行加工。因该零件的两处偏心完全一样，因此在加工时可用同一方法，分别两次装夹即可。

b. 当加工零件数量较少，精度要求又不高时，可采用四爪单动卡盘或三爪自定心卡盘装夹工件进行加工。加工前应先划线，然后按线找正装夹，在保证偏心距的基础上，使偏心部分轴线与车床主轴旋转轴线相重合，要保证零件侧母线与车床主轴轴线平行。否则，加工出零件的偏心距前后不一致。

③ 在加工偏心工件时，由于旋转离心作用会影响零件的圆度、圆柱度等公差，会造成零件壁厚不均匀等，因此在加工时，除注意保证夹具体总体平衡外，还应注意合理选择切削用量及有效的冷却润滑。

④ 当零件上键槽精度要求不高或零星加工时，可采用插削方法加工键槽。若键槽精度要求较高，零件数量又较多，应采用拉削方法加工键槽。

⑤ 偏心距误差的检查方法。首先将偏心套装在 1：3000（ϕ60mm）小锥度芯轴上（采用 1：3000 锥度芯轴的目的主要是消除偏心套与芯轴之间的间隙，以提高定位精度。芯轴大、小端直径及芯轴长度的选择，应能包容孔径的最大与最小值，并保证工件在芯轴中心位置为宜）。芯轴两端备有高精度的中心孔，将芯轴装夹在偏摆仪两顶尖之间，将百分表触头顶在 $\phi 120^{+0.043}_{+0.020}$ mm 外圆上，转动芯轴，百分表最大读数与最小读数之差，即为偏心距。

⑥ $\phi 120^{+0.043}_{+0.020}$ mm 偏心圆中心线对中心孔的轴线的平行度误差检查方法。同样将偏心套装在 1：3000 小锥度芯轴上，然后将小锥度芯轴放在两块标准 V 形块上（V 形块放在工作平板上），先用百分表找出偏心套外圆最高点，然后在相距 30mm 处，测出两最高点值，其两点之差为两轴线平行度误差值。

⑦ 圆柱度的误差检查方法，将偏心套装在 1：3000 小锥度芯轴上，再将芯轴装夹在偏摆仪两顶尖之间（图 2-6），将百分表触头顶在 $\phi 120^{+0.043}_{+0.020}$ mm 外圆

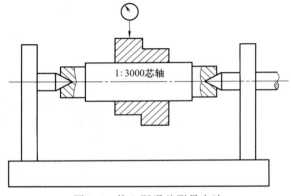

图 2-6　偏心距误差测量方法

上，转动芯轴，测任意 3 个横截面，其百分表最大读数与最小读数之差，即为圆柱度误差。

（三）偏心套零件的机械加工工艺过程卡

偏心套零件的机械加工工艺过程卡见附表四。

二、密封件定位套零件的加工

（一）密封件定位套零件的图样分析

密封件定位套零件图如图 2-7 所示。

① $\phi 165^{-0.10}_{-0.15}$ mm 中心线对 $\phi 130^{+0.045}_{+0.015}$ mm 基准孔中心线的同轴度公差要求为 ϕ0.025mm。

② $\phi 180^{-0.10}_{-0.15}$ mm 中心线对 $\phi 130^{+0.045}_{+0.015}$ mm 基准孔中心线的同轴度公差要求为 ϕ0.025mm。

③ $\phi 130^{+0.045}_{+0.015}$ mm 右端面对其轴心线的垂直度公差为 0.03mm。

④ 铸件人工时效处理。

⑤ 尖角倒钝 C1。

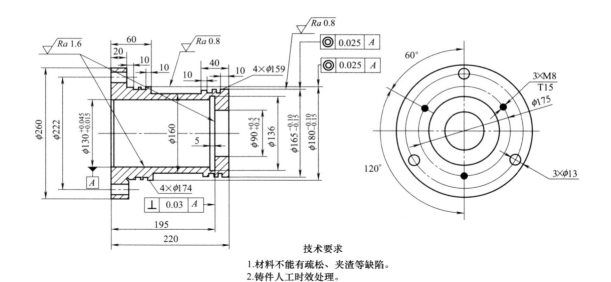

技术要求
1. 材料不能有疏松、夹渣等缺陷。
2. 铸件人工时效处理。
3. 尖角倒钝。
4. 材料HT200。

图 2-7　密封件定位套零件图

（二）密封件定位套零件的工艺分析

① 定位套孔壁较薄，在各道工序加工时应注意选用合理的夹紧力，以防工件变形。

② 密封件定位套内、外圆有同轴度要求，为保证加工精度，工艺安排应粗、精加工分开。

③ 在精磨 $\phi130^{+0.045}_{+0.015}$ mm 孔时，同时靠磨 $\phi136$ mm 右端面，以保证 $\phi130^{+0.045}_{+0.015}$ mm 右端面对其中心线的垂直度公差为 0.03mm。

④ $\phi165^{-0.10}_{-0.15}$ mm 外圆、$\phi180^{-0.10}_{-0.15}$ mm 外圆中心线对 $\phi130^{+0.045}_{+0.015}$ mm 基准孔中心线的同轴度误差的检测方法如图 2-8 所示。采用 1：3000 锥度的检验芯轴。检测方法为：将工件套在检验芯轴上，再将芯轴装在偏摆仪上，将百分表触头与工件外圆接触，检验芯轴转动一圈，百分表反映出的变化数值即为同轴度误差。

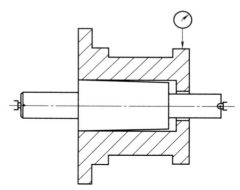

图 2-8　同轴度检验示意图

（三）密封件定位套零件的机械加工工艺过程卡

密封件定位套零件的机械加工工艺过程卡见附表五。

三、柱塞套零件的加工

（一）柱塞套零件的图样分析

柱塞套零件图如图 2-9 所示。

① $\phi14^{-0.016}_{-0.043}$ mm 孔中心线（基准 A）与 $\phi7.5^{+0.05}_{-0.02}$ mm 中心线（基准 C）同轴度公差要求为 $\phi0.01$ mm。

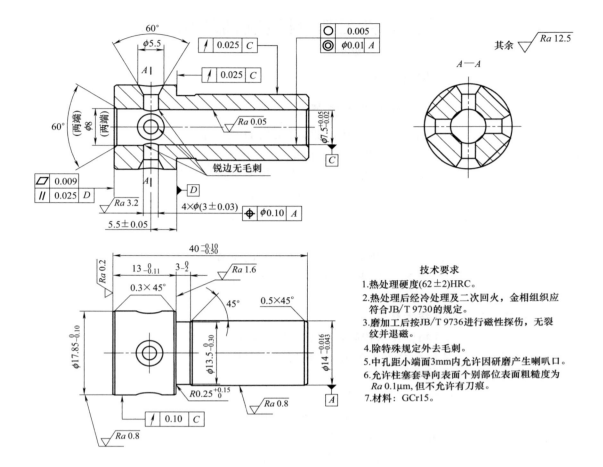

图 2-9　柱塞套零件图

② $\phi 17.85_{-0.10}^{0}$ mm 外圆面对 $\phi 7.5_{-0.02}^{+0.05}$ mm 孔中心线（基准 C）的跳动公差要求为 $\phi 0.10$mm。

③ $4 \times \phi(3 \pm 0.03)$ mm 对 $\phi 14_{-0.043}^{-0.016}$mm 孔中心线（基准 A）的位置度公差为 $\phi 0.10$mm。

④ $\phi 17.85_{-0.10}^{0}$ mm 端面的平面度要求为 0.009mm。

⑤ $\phi 7.5_{-0.02}^{+0.05}$ mm 的内孔圆度公差要求为 0.005mm。

⑥ $\phi 17.85_{-0.10}^{0}$ mm 端面的表面粗糙度要求 $Ra 0.2\mu$m，$\phi 7.5_{-0.02}^{+0.05}$ mm 内孔的表面粗糙度要求 $Ra 0.05\mu$m。

（二）柱塞套零件的工艺分析

① 柱塞套的形位公差及表面粗糙度要求较高，普通的磨削无法达到图纸的要求，需要考虑采用珩磨及研磨工艺。

② 柱塞套内、外圆有同轴度要求，为保证加工精度，工艺安排应粗、精加工分开。

③ $4 \times \phi(3 \pm 0.03)$ mm 的回油孔，通过钻-铰孔工艺完成。

（三）柱塞套零件的机械加工工艺过程卡

柱塞套零件的机械加工工艺过程卡见附表六。

第三节 箱体类零件工艺分析及机械加工工艺过程卡

一、车床尾座体零件的加工

（一）车床尾座体零件的图样分析

图 2-10 为 C6125 车床尾座体零件图。该零件采用 HT200 铸件并经时效处理，进行批量生产，主要用于安装基体、承受载荷、静态工作。

由零件图可知，尾座体结构较为复杂，总体形状为半封闭结构，型腔复杂，壁厚不均匀，箱体主要表面为下底平面和孔系。主要技术要求如下。

（1）下底面技术要求

尾座体下底面 C 为安装表面，要求精度高，是零件的设计及装配基准面，图样表面粗糙度为 $Ra0.4\mu m$，最终加工采用刮研加工；与各孔间的位置精度为 0.02mm。下底面 28k7 凸台为安装定位凸台，尺寸精度要求为 IT7 级，凸台两侧面与平面 C 垂直，表面粗糙度为 $Ra1.6\mu m$。

（2）尾座套筒安装孔技术要求

尾座套筒安装孔尺寸精度要求较高，为 IT6 级，表面粗糙度为 $Ra0.8\mu m$，形位精度要求为与底面 C 平行度误差不大于 0.02mm。该安装孔是尾座套筒的支承孔，又是其他锁紧孔的基准。

（3）交叉孔系技术要求

交叉孔系指水平向 $\phi40mm$ 孔、垂直向 $\phi20mm$ 孔、水平向 $\phi20mm$ 孔与 $\phi10mm$ 孔，各孔垂直交叉，水平向 $\phi40mm$ 孔为主要工作表面，上述已经分析。垂直向 $\phi20mm$ 孔是尾座套筒的锁紧孔，尺寸精度要求不高，为 IT8 级，表面质量要求为 $Ra1.6\mu m$，要求与基准 D 垂直，误差不大于 0.02mm。水平向 $\phi20mm$ 孔与 $\phi10mm$ 孔要求同轴，主要作用是将尾座锁紧在机床上，两孔同轴度误差不大于 0.02mm，两孔尺寸精度要求为 IT7 级，表面粗糙度要求为 $Ra1.6\mu m$，水平向 $\phi20mm$ 孔与基准 C 面的平行度要求为 0.02mm。

（4）其他各表面

各箱壁表面，为不加工面，各安装螺孔及螺钉台阶孔要求精度较低，安装润滑油杯的 $\phi10mm$ 孔精度要求为 IT7 级。

（二）车床尾座体零件的工艺分析

（1）确定零件毛坯及热处理

零件材料为 HT200，零件结构较为复杂，生产类型为批量生产，应采用砂型铸造毛坯。为提高零件的稳定性，应采用时效处理以消除应力，预防变形。

（2）确定各表面加工方法及工具工装

表 2-1 为 C6125 车床尾座体各表面加工方法一览表。

（3）划分加工阶段

根据该零件的各表面加工要求及可采用加工方法特点，考虑生产类型、加工条件等因素，该零件加工可划分为 3 个加工阶段。其中，粗加工阶段，主要完成粗铣底面 C 及定位凸台、钻 $\phi40H6$ 内孔、铣 $\phi40H6$ 左右侧面；半精加工阶段，主要完成精铣底面 C 及定位凸

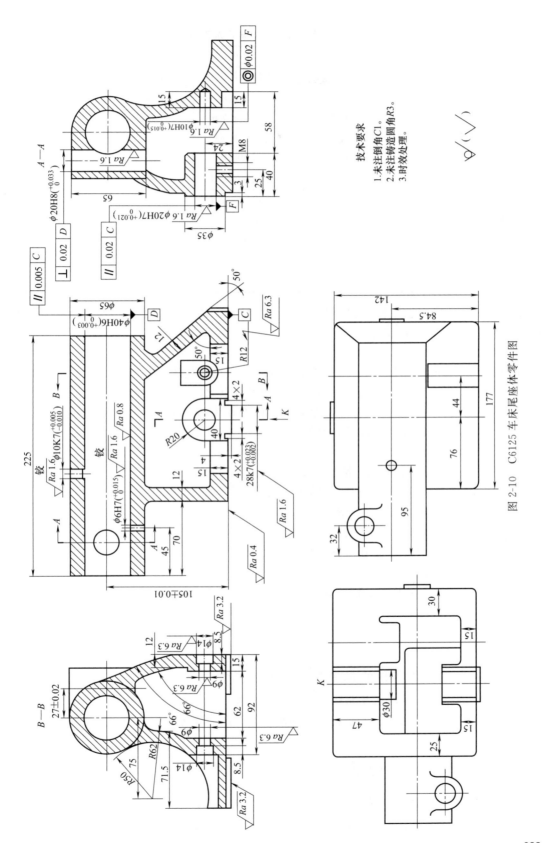

技术要求
1.未注倒角C1。
2.未注铸造圆角R3。
3.时效处理。

图 2-10 C6125 车床尾座体零件图

033

表 2-1　C6125 车床尾座体各表面加工方法一览

加工表面	加工方法	夹具	刀具	设备
底面 C 及台阶面	铣	专用铣床夹具	端面铣刀	铣床
	刮		刮刀	
28k7 台阶面	粗、精铣	专用铣床夹具	铣刀	铣床
ϕ40H6 内孔面及端面	铣、镗	专用镗床夹具	端面铣刀、镗刀	镗床
ϕ20H8 竖直孔及上端面	钻、扩、铰、铣	专用钻床夹具	钻头、铰刀	钻床
ϕ35mm 左侧面	铣	专用铣床夹具	铣刀	铣床
ϕ20H7、ϕ10H7 水平孔	钻、扩、铰	专用钻床夹具	钻头、铰刀	钻床
ϕ6H7、M8mm 垂直孔	钻、铰、攻丝	专用钻床夹具	钻头、铰刀、丝锥	钻床
ϕ10K7 垂直孔	钻、铰	专用钻床夹具	钻头、铰刀	钻床
R12mm 圆弧	铣	专用铣床夹具	铣刀	铣床
2×ϕ14mm 沉孔、2×ϕ9mm 通孔	钻	专用钻床夹具	钻头	钻床

台、半精镗 ϕ40H6 内孔，完成各次要表面加工；精加工阶段，主要完成刮研底面 C，精镗 ϕ40H6 内孔，钻扩铰各锁紧孔。

（4）确定加工顺序

根据加工顺序的确定原则，考虑本零件的结构特点和技术要求等条件，采用"先面后孔、先主后次"的原则，首先加工底面 C，粗加工后以此面为基准，加工其他孔系。加工各孔时，先加工最重要的孔（ϕ40H6）。考虑该零件毛坯为铸造毛坯，箱体壁厚不均匀、各表面加工量差别较大，因此合理进行时效处理。

各表面的加工顺序如下。

① 底面 C：粗铣—半精铣—精铣—刮研。

② ϕ40H6 内孔面：钻—粗镗—半精镗—精镗。

③ ϕ40H6 两侧面：粗铣—半精铣。

④ ϕ20H8 垂直孔：钻—扩—铰。

⑤ ϕ20H7 与 ϕ10H7 水平孔：钻—扩—铰。

⑥ ϕ35mm 台阶侧面：粗铣。

⑦ 2×ϕ14mm，2×ϕ9mm 螺钉孔：钻。

⑧ ϕ10K7：钻、扩、铰。

⑨ ϕ6H7：钻、扩、铰。

⑩ M8：钻、扩、攻。

（三）车床尾座体零件的机械加工工艺过程卡

根据拟定的尾座体零件工艺路线，结合各工序加工余量及加工精度的制定，工序尺寸与公差、切削用量、工时定额、工艺装备等的确定，车床尾座体零件的机械加工工艺过程卡见附表七。

二、减速器箱体零件的加工

（一）减速器箱体零件的图样分析

图 2-11 为一级圆柱齿轮减速器箱体零件图，它是安装轴、轴承和盖的基础零件。

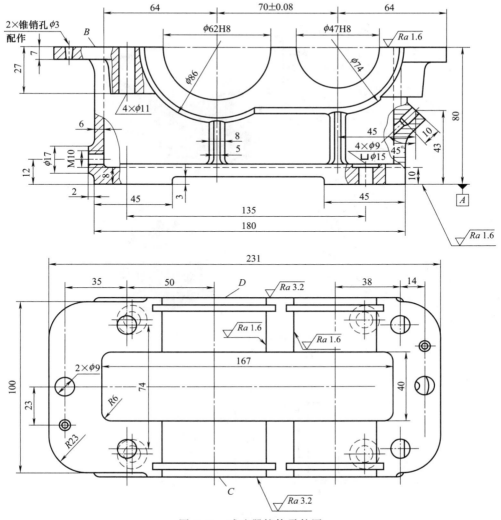

图 2-11　减速器箱体零件图

该零件为一级减速器的箱体，内腔无肋板，呈中空腔型结构，经铸造而成。减速器箱体的技术要求较高，两个轴承孔 $\phi47H8$、$\phi62H8$ 的轴线平行度为 0.05mm，表面粗糙度 Ra 为 1.6μm。加工时应遵循"基准（面）先行、先粗后精"的原则。

（二）减速器箱体零件的工艺过程分析

图 2-12 所示为减速器箱体平面加工图，首先以最大平面 A 为粗基准固定夹紧，铣出底座平面 B，铣出 4 个安放螺栓的平面 F，钻 4 个底座定位螺栓孔；再以已加工好的平面 B 为精基准定位，铣出 4 个安放螺栓的平面 E，铣出结合平面 A。

（三）减速器箱体零件的机械加工工艺过程卡

减速器箱体零件的机械加工工艺过程卡见附表八。

三、不同生产条件下箱体类零件的工艺规程编制方法

主轴箱零件图如图 2-13 所示，材料为 HT200，毛坯铸造成形后进行时效处理，现为中小批量生产。

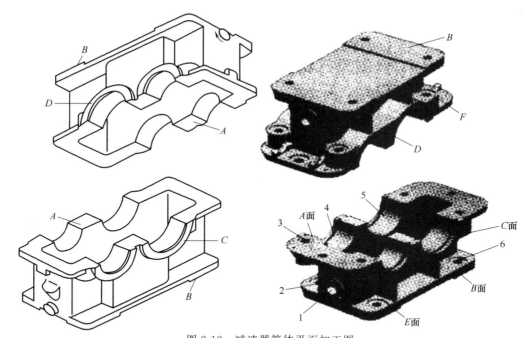

图 2-12　减速器箱体平面加工图

1—油面观察器孔；2—螺钉孔；3—螺栓孔；4—槽；5—轴承座孔；6—底座安装孔

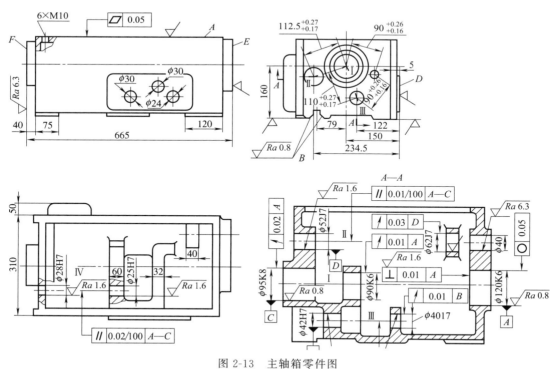

图 2-13　主轴箱零件图

　　如图 2-13 所示，各种箱体的加工工艺过程虽然随着箱体的结构、精度要求和生产批量的不同而有较大差异，但亦有共同特点。下面结合实例分析一般箱体加工中的共性问题。主轴箱是整体式箱体中结构较为复杂、要求高的一种箱体，其加工的难度较大，现以此为例分析箱体的加工工艺过程。

表 2-2 为图 2-13 所示某车床主轴箱小批生产工艺过程，表 2-3 为该车床主轴箱大批生产工艺过程。从这两个表所示的箱体加工工艺过程可以看出，不同批量箱体加工的工艺过程，既有共性，又有各自的特性。

表 2-2　某主轴箱小批生产工艺过程

工序号	工序内容	定位基准
5	铸造	
10	时效处理	
15	漆底漆	
20	划线：考虑主轴孔有加工余量，并尽量均匀。划 C、A 及 E、D 加工线	
25	粗、精加工顶面 A	按线找正
30	粗、精加工 B、C 面及侧面 D	顶面 A 并校正主轴线
35	粗、精加工两端面 E、F	B、C 面
40	粗、半精加工各纵向孔	B、C 面
45	精加工各纵向孔	B、C 面
50	粗、精加工横向孔	B、C 面
55	加工螺孔及各次要孔	
60	清洗、去毛刺倒角	
65	检验	
70	入库	

表 2-3　某主轴箱大批生产工艺过程

工序号	工序内容	定位基准
5	铸造	
10	时效处理	
15	漆底漆	
20	铣顶面 A	孔 I 与孔 II
25	钻、扩、铰 $2\times\phi8H7$ 工艺孔（将 $6\times M10$ 先钻至 $\phi7.8$mm，铰 $2\times\phi8H7$）	顶面 A 及外形
30	铣两端面 E、F 及前面 D	顶面 A 及两工艺孔
35	铣导轨面 B、C	顶面 A 及两工艺孔
40	磨顶面 A	导轨面 B、C
45	粗镗各纵向孔	顶面 A 及两工艺孔
50	精镗各纵向孔	顶面 A 及两工艺孔
55	精镗主轴孔 I	顶面 A 及两工艺孔
60	加工横向孔及各面上的次要孔	
65	磨 B、C 导轨面及前面 D	顶面 A 及两工艺孔
70	将 $2\times\phi8H7$ 及 $4\times\phi7.8$mm 均扩钻至 $\phi8.5$mm，攻 $6\times M10$ 螺纹孔	
75	清洗、去毛刺倒角	
80	检验	
85	入库	

通过对表 2-2、表 2-3 的对比分析可以得出，制定箱体工艺过程的共同性原则是：加工顺序是先面后孔，加工阶段分为粗、精加工，工序间合理安排热处理，用箱体上的重要孔作为粗基准。

定位基准的选择方法：

①粗基准的选择。随着生产类型的不同，以主轴孔为粗基准的工件的装夹方式也不同。如中小批量生产时，由于毛坯精度较低，一般采用划线装夹；大批大量生产时，毛坯精度较高，可直接以主轴孔在夹具上定位。

②精基准的选择。精基准的选择也与生产批量有关。例如单件小批生产，用装配基面作定位基准；量大时，采用一面两孔作定位基准。为此，箱体精基准的选择有两种方式：一种是以 3 个平面为精基准（主要定位基面为装配基面）；另一种是以一面两孔为精基准。这两种定位方式各有优缺点，实际生产中的选用与生产类型有很大关系。通常优先考虑"基准统一"，中小批量时，尽可能使定位基准与设计基准重合，即一般选择设计基准作为统一的定位基准；大批大量生产时，优先考虑的是如何稳定加工质量和提高生产率，不过分地强调基准重合问题，一般多用典型的一面两孔作为统一的定位基准，由此而引起的基准不重合误差可用适当的工艺措施去解决。

第四节　支架类零件工艺分析及机械加工工艺过程卡

一、连杆零件的加工

连杆是活塞式发动机的重要零件，其大头孔和曲轴连接，小头孔通过活塞销和活塞连接，将作用于活塞的气体膨胀压力传给曲轴，又受曲轴驱动而带动活塞压缩气缸中的气体。连杆零件图如图 2-14 所示，现为大批量生产。

（一）连杆零件的图样分析

（1）连杆的功用与结构分析

① 功用。连杆是活塞式发动机的重要零件，其大头孔和曲轴连接，小头孔通过活塞销和活塞连接，将作用于活塞的气体膨胀压力传给曲轴，又受曲轴驱动而带动活塞压缩气缸中的气体。连杆承受的是高交变载荷，气体的压力在杆身内产生很大的压缩应力和纵向弯曲应力；由活塞和连杆重量引起的惯性力，使连杆承受拉应力，所以连杆承受的是冲击性质的动载荷，因此要求连杆重量轻、强度要好。

② 结构。连杆是较细长的变截面非圆形杆件，其杆身截面从大头到小头逐步变小，以适应在工作中承受急剧变化的动载荷。

连杆由连杆大头、杆身和连杆小头 3 部分组成：连杆大头是分开的，一半与杆身连为一体，一半为连杆盖，连杆盖用螺栓和螺母与曲轴主轴颈装配在一起。为了减少磨损和磨损后便于修理，在连杆小头孔中压入青铜衬套，大头孔中装有薄壁金属轴瓦。

为方便加工连杆，可以在连杆的大头侧面或小头侧面设置工艺凸台或工艺侧面。

（2）连杆的主要技术要求

通过对连杆的零件图进行分析，得到连杆的主要技术要求，如表 2-4 所示。

（3）连杆的材料与毛坯

连杆材料一般采用 45 钢或 40Cr、45Mn2 等优质钢或合金钢，近年来也有采用球墨铸铁的。钢制连杆都用模锻制造毛坯。连杆毛坯的锻造工艺有两种方案。

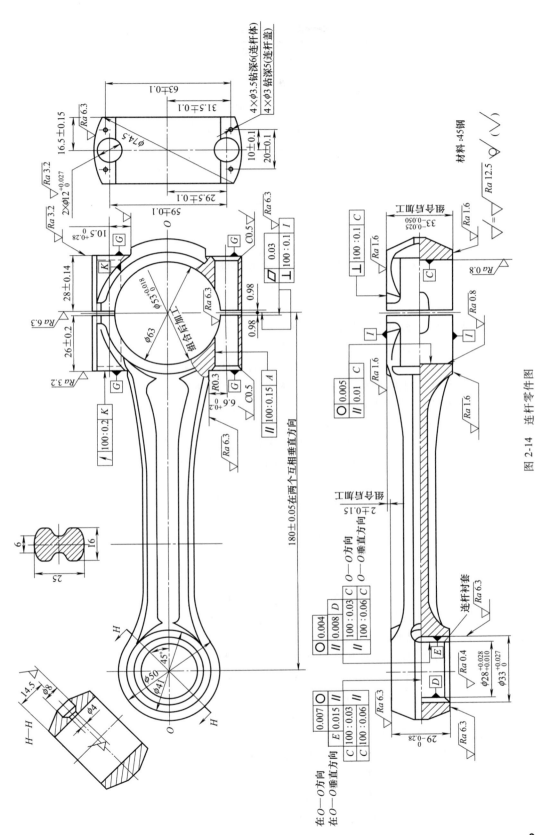

图 2-14 连杆零件图

表 2-4　连杆的主要技术要求

技术要求项目	具体要求或数值	满足的主要性能
大、小头孔精度	尺寸公差为 IT6 级,圆度为 0.004～0.005	保证与轴瓦的良好配合
两孔中心距	±0.03～0.05	气缸的压缩比
两孔轴线在同一个平面内	在连杆轴线平面内:(0.02～0.04)/100 在垂直连杆轴线平面内:(0.04～0.06)/100	减少气缸壁和曲轴颈磨损
大孔两端对轴线的垂直度	0.1:100	减少曲轴颈边缘磨损
两螺孔(定位孔)的位置精度	在两个垂直方向上的平行度:(0.02～0.04)/100 对结合面的垂直度:(0.1～0.3)/100	保证正常承载和轴颈与轴瓦的良好配合
同一组内连杆的重量差	±2%	保证运转平稳

① 将连杆体和盖分开锻造。

② 连杆体和盖整体锻造。

整体锻造或分开锻造的选择取决于锻造设备的能力,显然整体锻造需要有大的锻造设备。

（二）连杆零件的工艺分析

(1) 加工阶段的划分和加工顺序的安排

连杆本身的刚度比较低,在外力作用下容易变形;连杆是模锻件,孔的加工余量较大,切削加工时易产生残余应力。因此,在安排工艺过程时,应把各主要表面的粗、精加工工序分开。这样,粗加工产生的变形就可以在半精加工中得到修正;半精加工中产生的变形可以在精加工中得到修正,最后达到零件的技术要求,同时在工序安排上先加工定位基准。

连杆工艺过程可分为以下 3 个阶段。

① 粗加工阶段。粗加工阶段也是连杆体和盖合并前的加工阶段。

主要是基准面的加工,包括辅助基准面加工;准备连杆体及盖合并所进行的加工,如两者对口面的铣、磨等。

② 半精加工阶段。半精加工阶段也是连杆体和盖合并后的加工,如精磨两平面,半精镗大头孔及孔口倒角等。总之,它是为精加工大、小头孔做准备的阶段。

③ 精加工阶段。精加工阶段主要是最终保证连杆主要表面——大、小头孔全部达到图样要求的阶段,如珩磨大头孔、精镗小头轴承孔等。

(2) 定位基准的选择

连杆加工工艺过程的大部分工序都采用统一的定位基准——一个端面、小头孔及工艺凸台。这样有利于保证连杆的加工精度,而且端面的面积大,定位也比较稳定。

由于连杆的外形不规则,为了定位需要,在连杆体大头处做出工艺凸台,作为辅助基准面。

连杆大、小头端面对称分布在杆身的两侧,由于大、小头孔厚度不等,所以大头端面与同侧小头端面不在一个平面上。用这样的不等高面作定位基准,必然会产生定位误差。制定工艺时,可先把大、小头做成一样厚度,这样不仅避免了上述缺点,而且由于定位面积加大,使得定位更加可靠,直到加工的最后阶段,才铣出这个阶梯面。

(3) 确定合理的夹紧方法

连杆是一个刚性较差的工件,应十分注意夹紧力的大小、方向及着力点的位置选择,以免因受夹紧力的作用而产生变形。

（三）连杆零件的机械加工工艺过程卡

连杆的尺寸精度、形状精度和位置精度的要求都很高,但刚度又较差,容易产生变形。连杆的主要加工表面为大小头孔、两端面、连杆盖与连杆体的接合面和螺栓等。次要表面为油孔、锁口槽、供作工艺基准的工艺凸台等。还有称重、去重、检验、清洗和去毛刺等工序。

连杆零件的机械加工工艺过程卡见附表九。

二、气门摇臂轴支座零件的加工

气门摇臂轴支座零件图如图 2-15 所示。

（一）气门摇臂轴支座零件的图样分析

① 零件材料。材料为 HT200。切削加工性良好，是脆性材料，产生崩碎切屑，加工中有冲击。选择刀具参数时，可适当减小前角以强化刀刃；刀具材料选择范围较大，高速钢及 YG 硬质合金都可以。

② 组成表面分析。组成表面有 $\phi 11$mm 圆孔及其上下端面、$\phi 16$mm 内孔及其两端面、$\phi 18$mm 内孔及其两端面、$\phi 3$mm 斜孔、倒角、各外圆表面、各外轮廓表面。

③ 主要表面分析。$\phi 16$mm、$\phi 8$mm 孔用于支承零件，为工作面，孔表面粗糙度要求 $Ra 1.6 \mu m$，$\phi 11$mm 孔底面为安装（支承）面，亦是该零件的主要基准。

④ 主要技术要求。$\phi 16$mm 内孔轴心与底面 A 的平行度保持在 0.05mm 以内，$\phi 8$mm 内孔轴心与底面 A 的平行度保持在 0.05mm 以内，$\phi 18$mm 内孔两端面与顶面 B 的跳动保持在 0.1mm 以内。

（二）气门摇臂轴支座零件的工艺分析

① 毛坯选择。根据零件材料、形状、尺寸、批量大小等因素，选择砂型铸件。

② 基准分析。底面 A 是零件的主要设计基准，也比较适合作零件上众多表面加工的定位基准。

③ 零件安装方案。加工底面 A、顶面 B 时，均可采用虎钳安装（互为基准）；$\phi 11$mm、$\phi 16$mm、$\phi 18$mm 内孔表面加工，均采用专用夹具安装，且主要定位基准均为底面 A；加工斜孔仍采用专用夹具安装，主要定位基准为 $\phi 18$mm 孔两端面。

④ 零件表面加工。底面 A、顶面 B 采用铣削加工，$\phi 11$mm 孔、$\phi 3$mm 斜孔采用钻削加工，$\phi 16$mm、$\phi 18$mm 孔及其端面采用镗削加工。

该零件的加工特点：零件形状不规则，采用通用夹具安装比较困难，故不少表面采用专用夹具安装；为尽量减小工装数量，虽然有些表面加工要求不算低，但粗、半精加工却在一次安装中逐步完成，因此，加工中应注意多次走刀，以减小切削力对零件加工精度、表面质量的影响。

（三）气门摇臂轴支座零件的机械加工工艺过程卡

气门摇臂轴支座零件的机械加工工艺过程卡见附表十。

三、轴承座零件的加工

（一）轴承座零件的图样分析

轴承座零件如图 2-16 所示，其图样信息如下。

① 左视图右侧面对基准 C（$\phi 30^{+0.021}_{0}$mm 轴线）的垂直度公差为 0.03mm。

② 俯视图两侧面平行度公差为 0.03mm。

③ 主视图上面对基准 C（$\phi 30^{+0.021}_{0}$mm 轴线）的平行度公差为 0.03mm。

④ 主视图上面平面度公差为 0.008mm，只允许凹陷，不允许凸起。

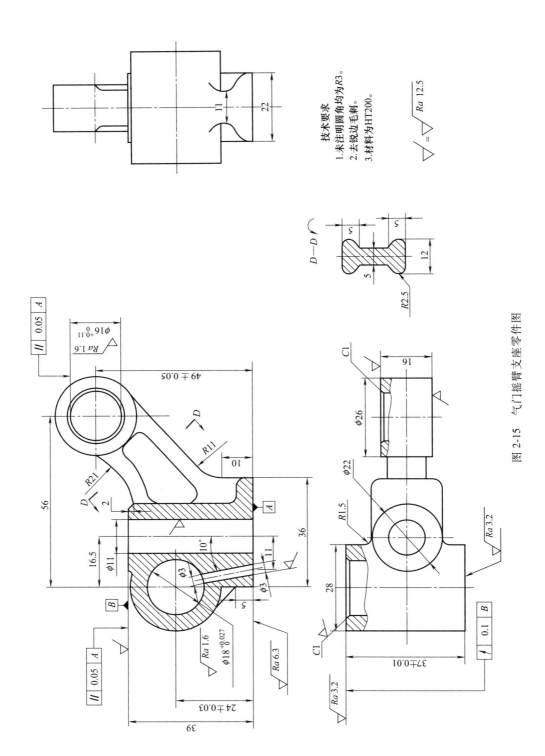

技术要求
1.未注明圆角均为R3。
2.去锐边毛刺。
3.材料为HT200。

$\nabla = \sqrt{} \sqrt{Ra\ 12.5}$

图 2-15 气门摇臂支座零件图

⑤ 铸造后毛坯要进行时效处理。

⑥ 未注明倒角为 $C1$。

⑦ 材料为 HT200。

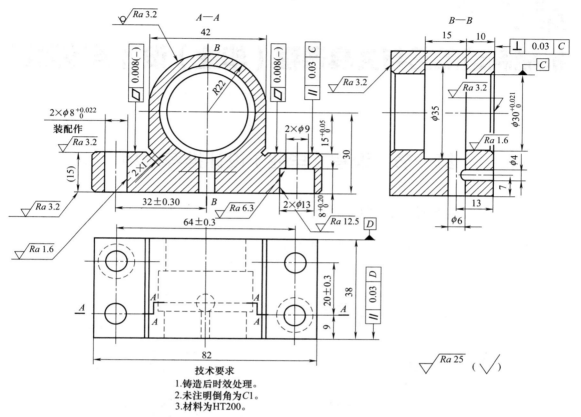

图 2-16　轴承座零件图

（二）轴承座零件的工艺分析

① $\phi 30^{+0.021}_{0}$ mm 轴承孔可以用车床加工，也可以用铣床镗孔。

② 轴承孔两侧面用刨床加工，以便加工 2mm×1mm 槽。

③ 两个 $\phi 8^{+0.022}_{0}$ mm 定位销孔，先钻 $2 \times \phi 7$ mm 工艺底孔，待装配时与装配件合钻后、扩、铰。

④ 左视图右侧面对基准 C（$\phi 30^{+0.021}_{0}$ mm 轴线）的垂直度误差的检查。将工件用 $\phi 30^{+0.021}_{0}$ mm 芯轴安装在偏摆仪上，再用百分表测工件右侧面，这时转动芯轴，百分表最大与最小差值为垂直度偏差值。

⑤ 主视图上面对基准 C（$\phi 30^{+0.021}_{0}$ mm 轴线）的平行度误差的检查。将轴承座 $\phi 30^{+0.021}_{0}$ mm 孔穿入芯轴，并用两块等高垫铁将主视图上面垫起，这时用百分表分别测量芯轴两端最高点，其差值即为平行度误差值。

⑥ 俯视图两侧面平行度及主视图上面平面度误差的检查。将工件放在平台上，用百分表测出。

（三）轴承座零件的机械加工工艺过程卡

轴承座零件的机械加工工艺过程卡见附表十一。

第三章
机械制造工艺与夹具课程（毕业）设计推荐题目

第一节　课程（毕业）设计推荐题目

一、轴类零件课程设计题目

轴类零件课程设计题目如图 3-1～图 3-6 所示。

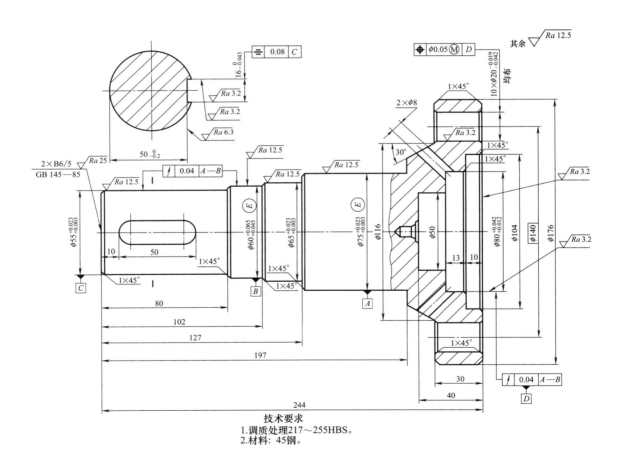

技术要求
1.调质处理217～255HBS。
2.材料：45钢。

图 3-1　输出轴

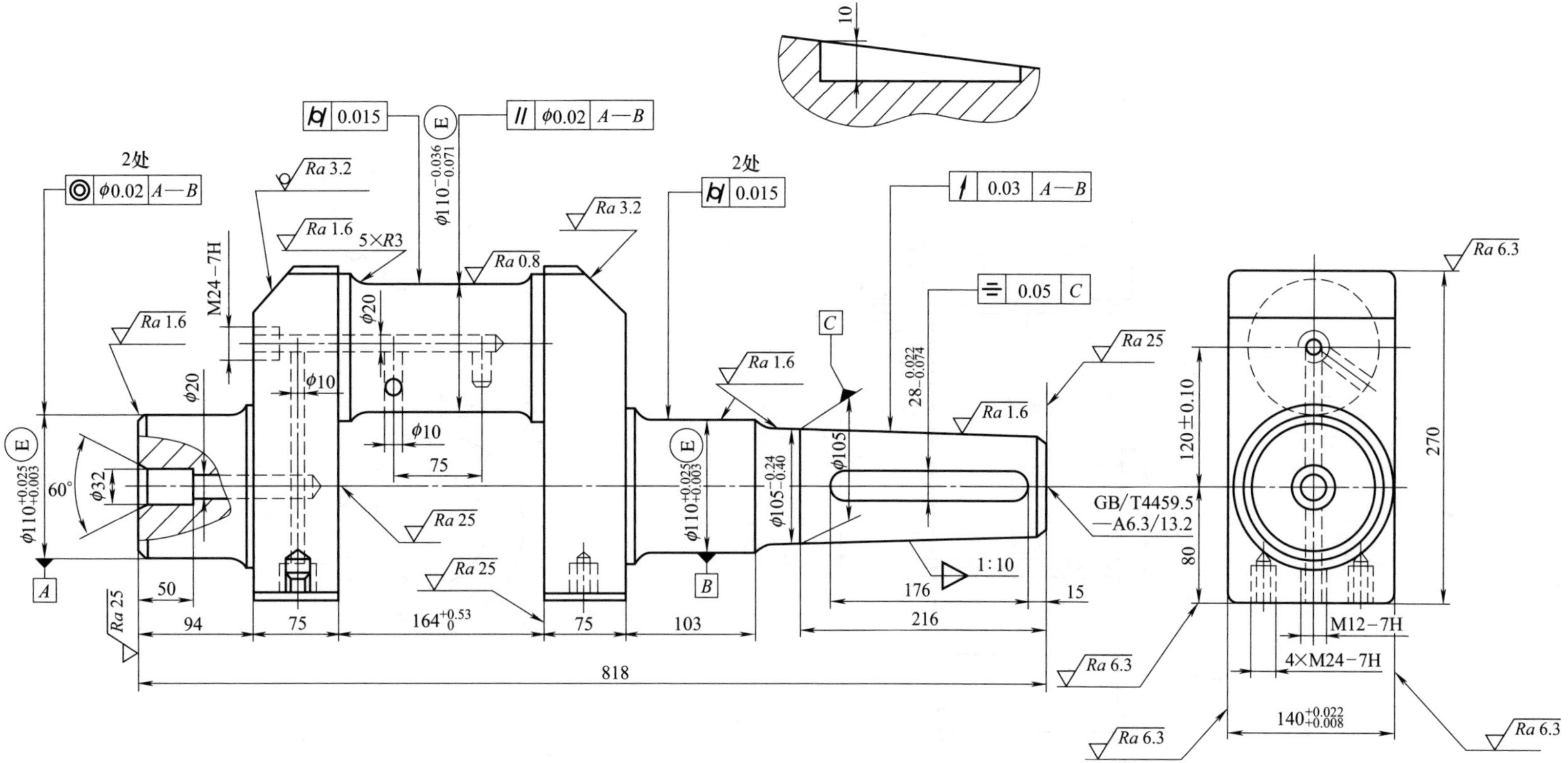

图 3-2 单拐曲轴

技术要求

1. 1:10圆锥面用标准量规涂色检查,接触面不少于80%。
2. 清除油孔中的切屑。
3. 其余倒角为C1。
4. 材料为QT600-3。

045

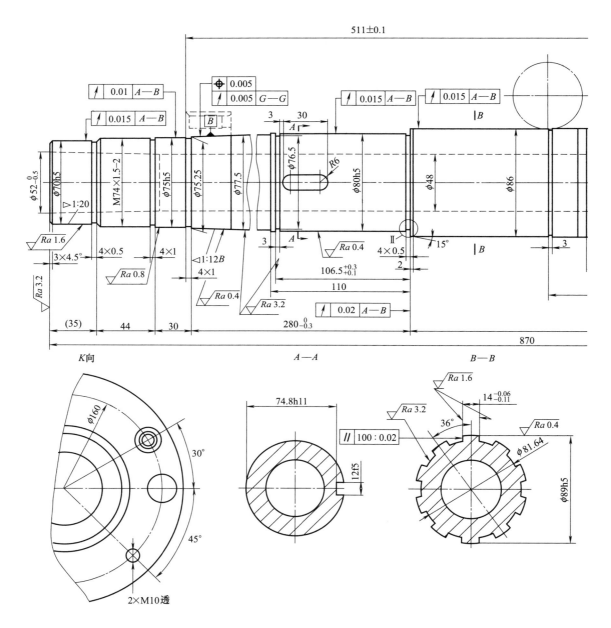

图 3-3　车床

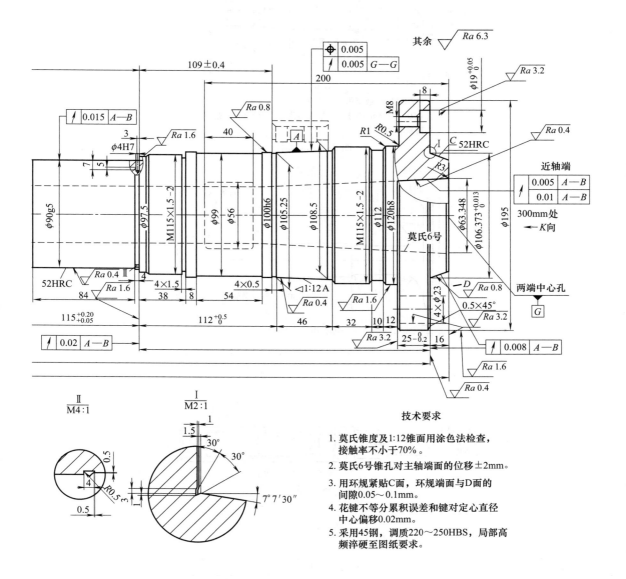

其余 $\sqrt{Ra\ 6.3}$

技术要求

1. 莫氏锥度及1:12锥面用涂色法检查，接触率不小于70%。
2. 莫氏6号锥孔对主轴端面的位移±2mm。
3. 用环规紧贴C面，环规端面与D面的间隙0.05~0.1mm。
4. 花键不等分累积误差和键对定心直径中心偏移0.02mm。
5. 采用45钢，调质220~250HBS，局部高频淬硬至图纸要求。

主轴

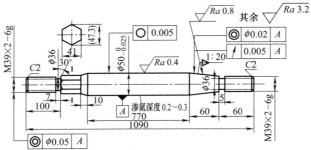

技术要求

1. 1:20锥度接触面积不少于80%。

2. $\phi 50^{0}_{-0.025}$ mm 部分渗氮层深度为0.2～0.3mm，硬度62～65HRC。

3. 材料38GrMoAlA。

图 3-4　活塞杆

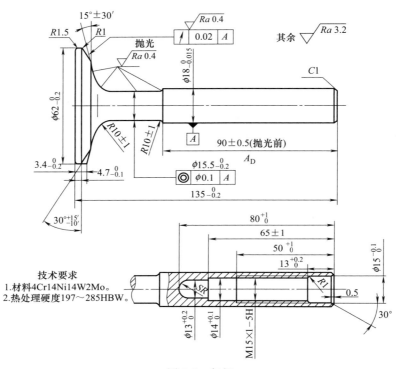

技术要求

1.材料4Cr14Ni14W2Mo。

2.热处理硬度197～285HBW。

图 3-5　气门

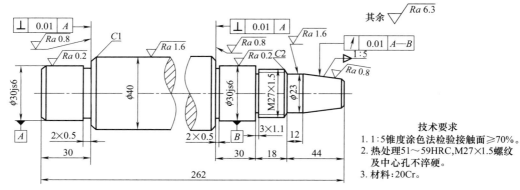

技术要求

1. 1:5锥度涂色法检验接触面≥70%。

2. 热处理51～59HRC,M27×1.5螺纹
及中心孔不淬硬。

3. 材料:20Cr。

图 3-6　主轴

二、盘套类零件课程设计题目

盘套类零件课程设计题目如图 3-7~图 3-14 所示。

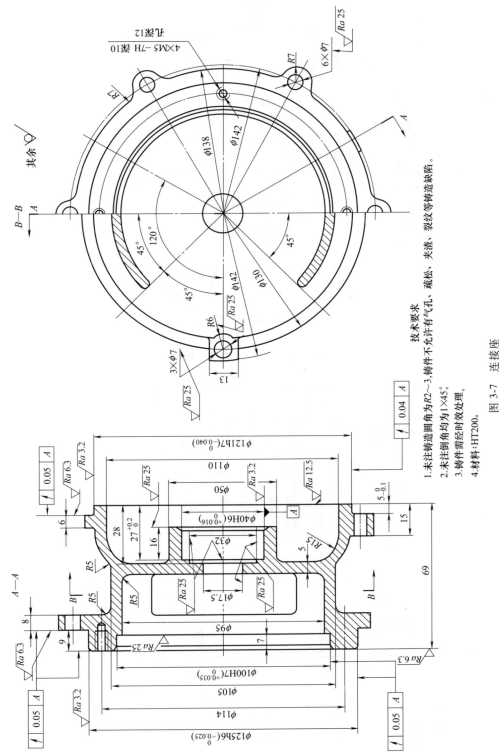

图 3-7 连接座

技术要求

1. 未注铸造圆角为 R2~3，铸件不允许有气孔、疏松、夹渣、裂纹等铸造缺陷。
2. 未注倒角均为 1×45°。
3. 铸件需经时效处理。
4. 材料：HT200。

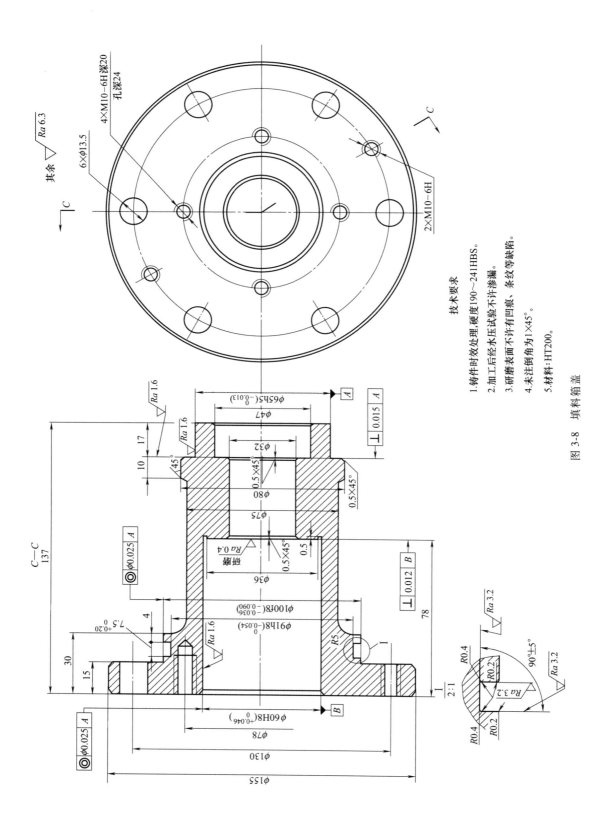

图 3-8 填料箱盖

技术要求

1.铸件时效处理,硬度190~241HBS。
2.加工后经水压试验不许渗漏。
3.研磨表面不许有凹痕、条纹等缺陷。
4.未注倒角为1×45°。
5.材料:HT200。

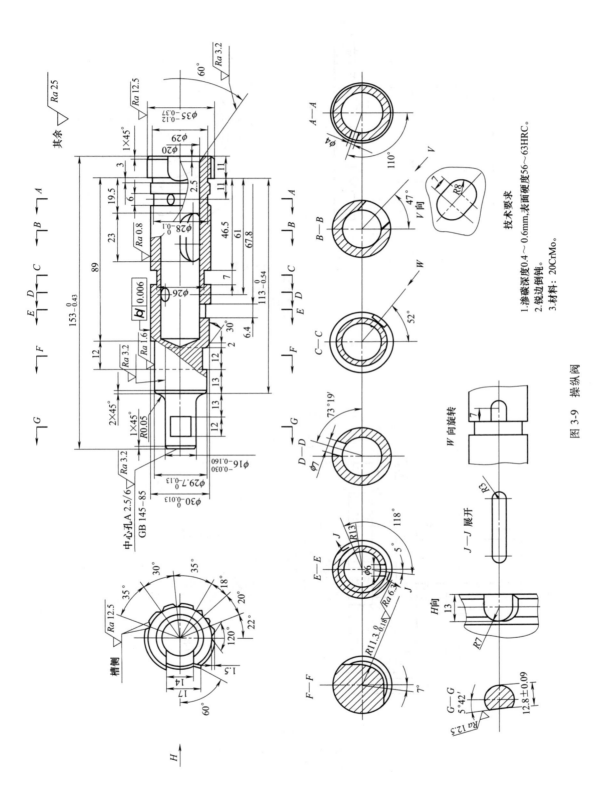

图 3-9 操纵阀

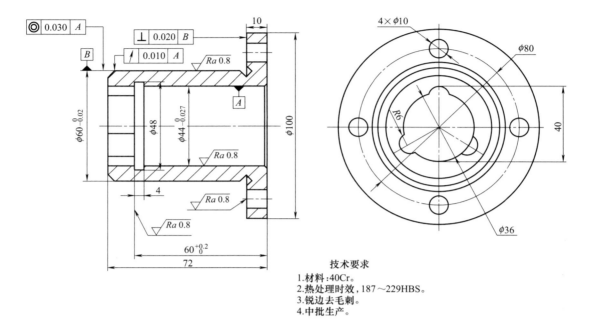

技术要求
1. 材料：40Cr。
2. 热处理时效，187～229HBS。
3. 锐边去毛刺。
4. 中批生产。

图 3-10 法兰轴套

其余 $\sqrt{Ra\,12.5}$

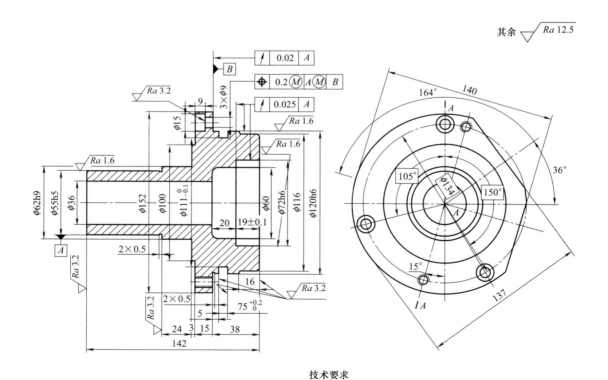

技术要求
1. 材料：45钢、调质处理240～290HB。
2. 去锐边毛刺。

图 3-11 法兰盘

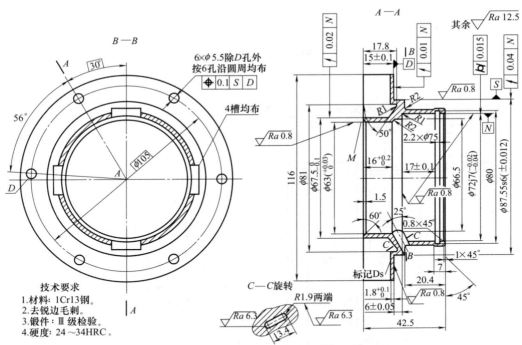

图 3-12　蜗轮轴承座

技术要求
1.材料：1Cr13钢。
2.去锐边毛刺。
3.锻件：Ⅲ级检验。
4.硬度：24～34HRC。

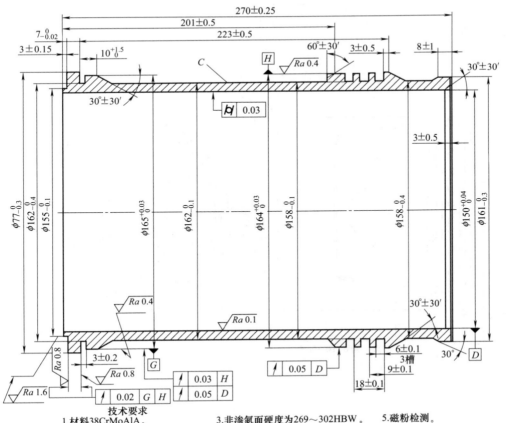

技术要求
1.材料38CrMoAlA。
2.内表面渗氮，深度0.35～0.6mm，
　渗氮表面硬度≥750HV。
3.非渗氮面硬度为269～302HBW。
4.表面C镀铬，厚度0.03～0.04mm。
5.磁粉检测。
6.去锐边。

图 3-13　气缸套

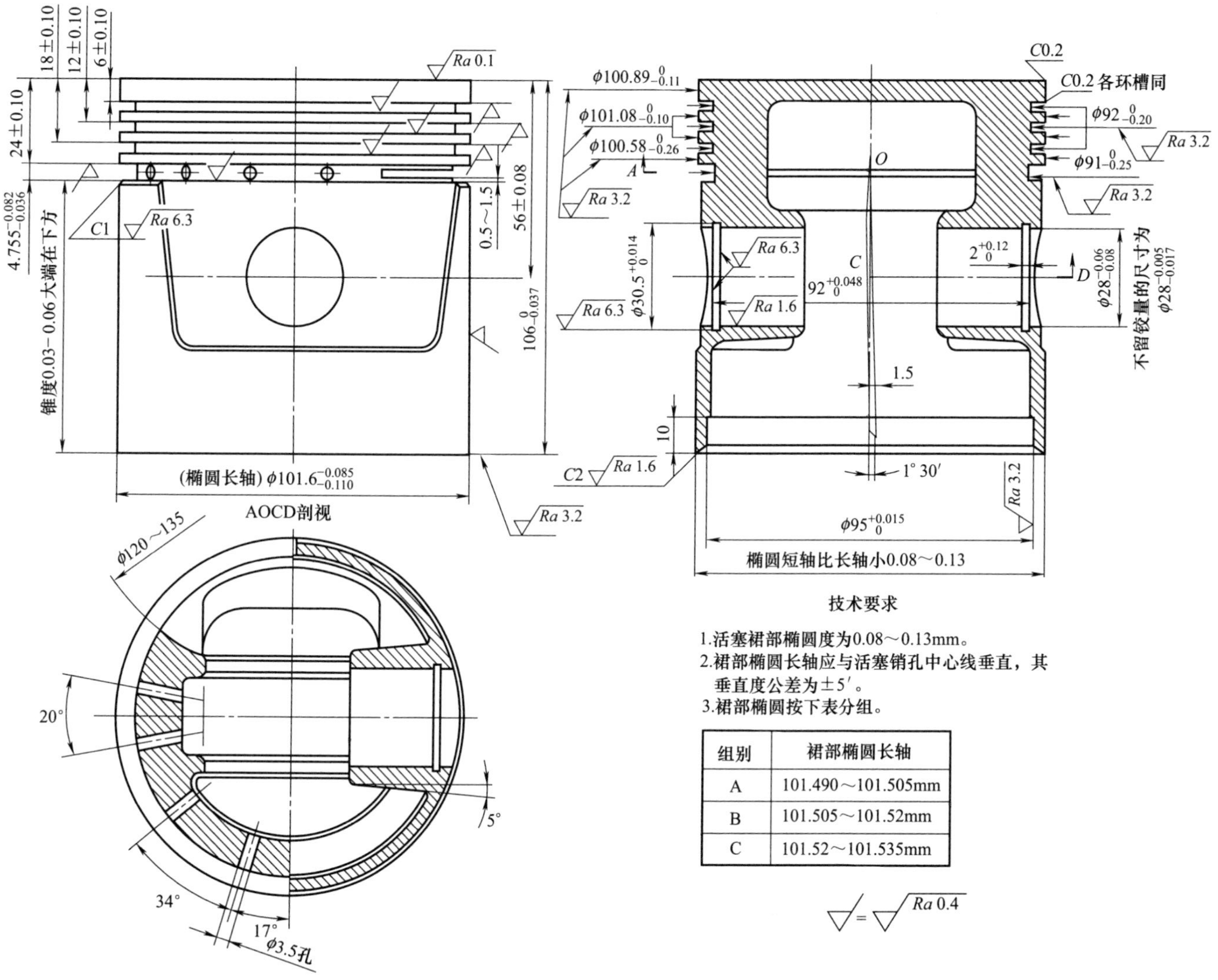

技术要求
1. 活塞裙部椭圆度为0.08～0.13mm。
2. 裙部椭圆长轴应与活塞销孔中心线垂直，其垂直度公差为±5′。
3. 裙部椭圆按下表分组。

组别	裙部椭圆长轴
A	101.490～101.505mm
B	101.505～101.52mm
C	101.52～101.535mm

图 3-14　活塞零件

三、箱体类零件课程设计题目

箱体类零件课程设计题目如图 3-15～图 3-22 所示。

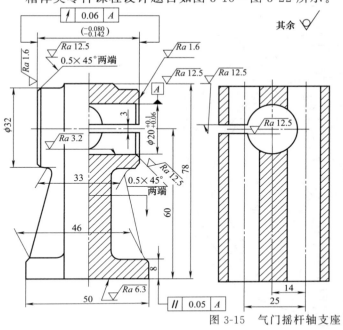

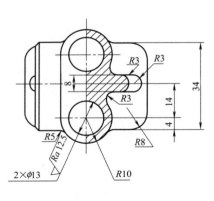

技术要求
1.未注明铸造圆角R2～3。
2.材料：HT200。

图 3-15　气门摇杆轴支座

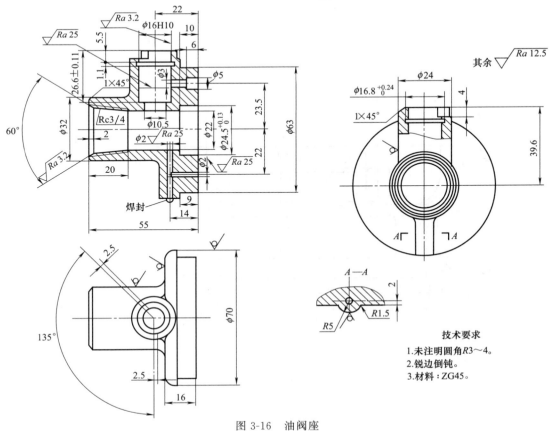

技术要求
1.未注明圆角R3～4。
2.锐边倒钝。
3.材料：ZG45。

图 3-16　油阀座

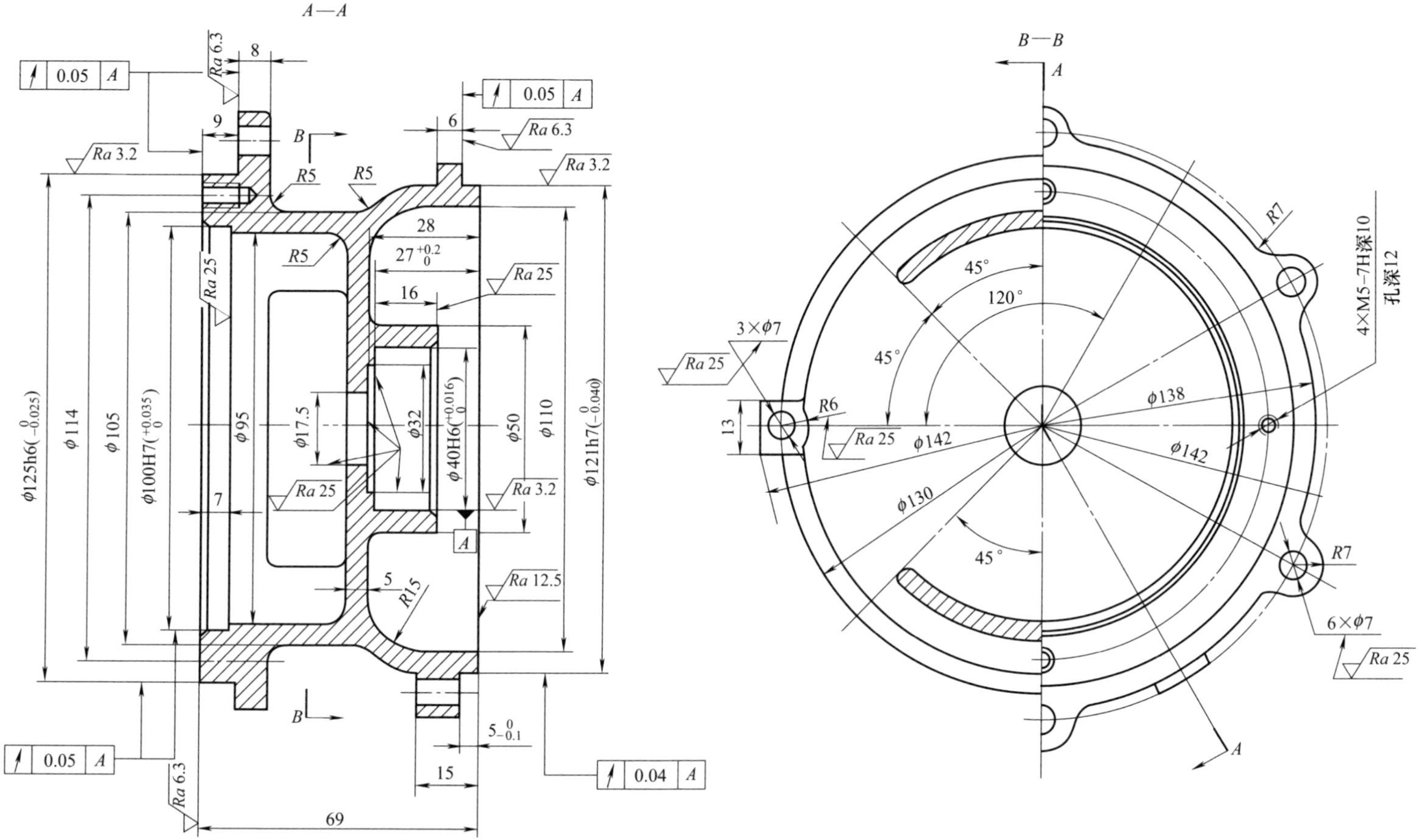

图 3-17 连接座

技术要求
1. 未注铸造圆角为R2～3, 铸件不允许有气孔、疏松、夹渣、裂纹等铸造缺陷。
2. 未注倒角均为1×45°。
3. 铸件需经时效处理。
4. 材料: HT200。

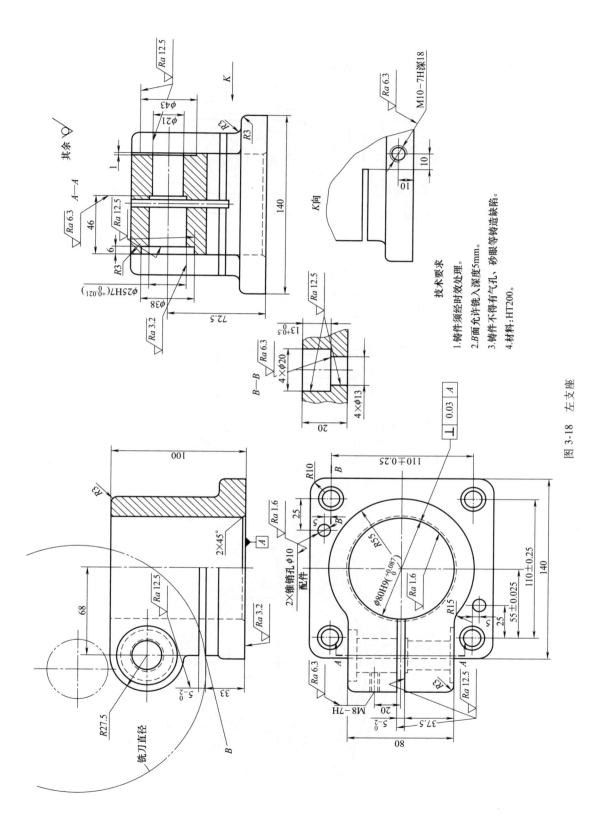

技术要求
1.铸件须经时效处理。
2.B面允许铣入深度5mm。
3.铸件不得有气孔、砂眼等铸造缺陷。
4.材料:HT200。

图 3-18 左支座

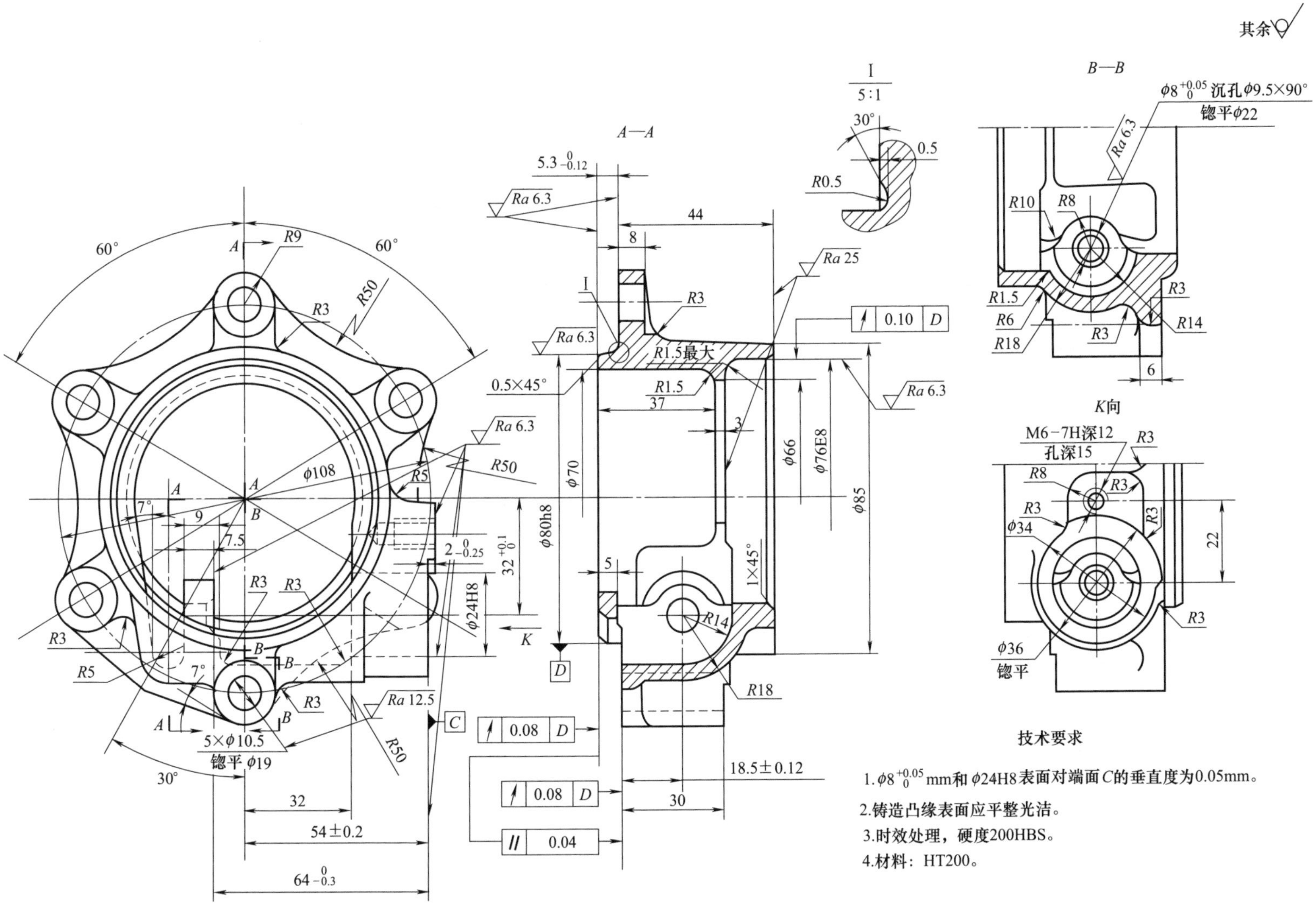

图 3-19 变速器轴承外壳

技术要求
1. $\phi 8^{+0.05}_{0}$ mm和$\phi 24H8$表面对端面C的垂直度为0.05mm。
2. 铸造凸缘表面应平整光洁。
3. 时效处理，硬度200HBS。
4. 材料：HT200。

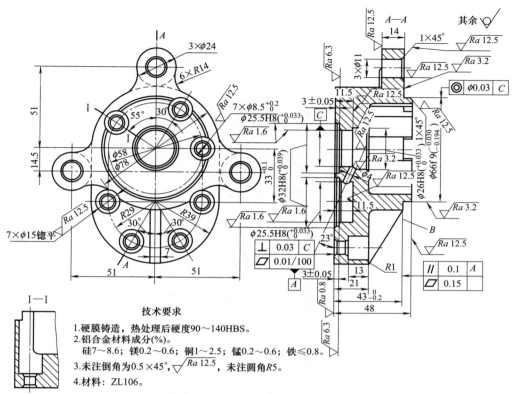

技术要求

1. 硬膜铸造，热处理后硬度90～140HBS。
2. 铝合金材料成分(%)。
   硅7～8.6；镁0.2～0.6；铜1～2.5；锰0.2～0.6；铁≤0.8。
3. 未注倒角为0.5×45°，▽ Ra 12.5，未注圆角R5。
4. 材料：ZL106。

图 3-20　变速器轴承外壳图

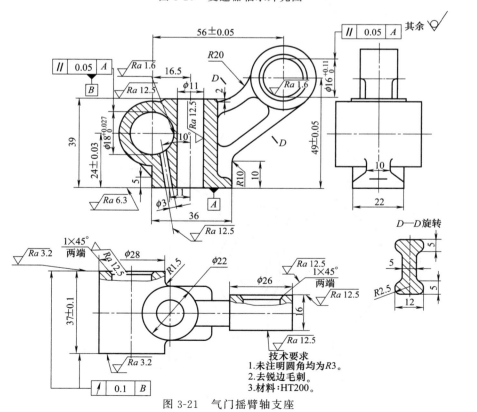

技术要求

1. 未注明圆角均为R3。
2. 去锐边毛刺。
3. 材料：HT200。

图 3-21　气门摇臂轴支座

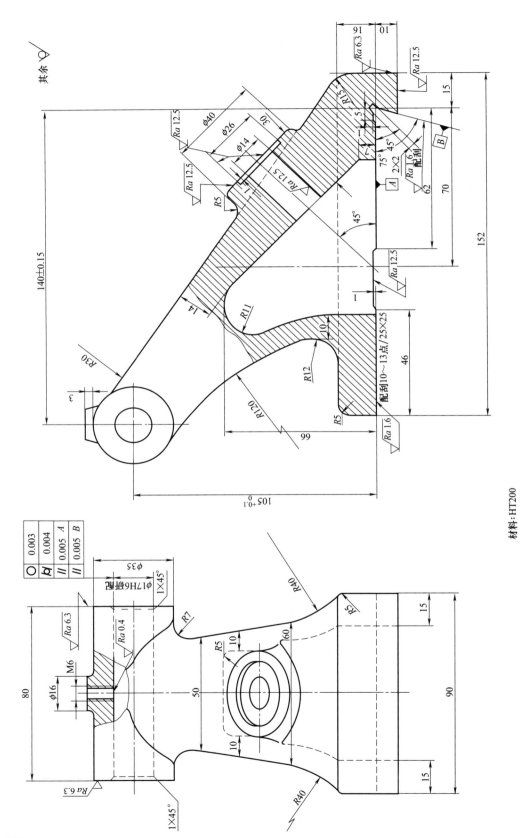

图 3-22 尾座体

材料:HT200

060

四、支架类零件课程设计题目

支架类零件课程设计题目如图 3-23～图 3-30 所示。

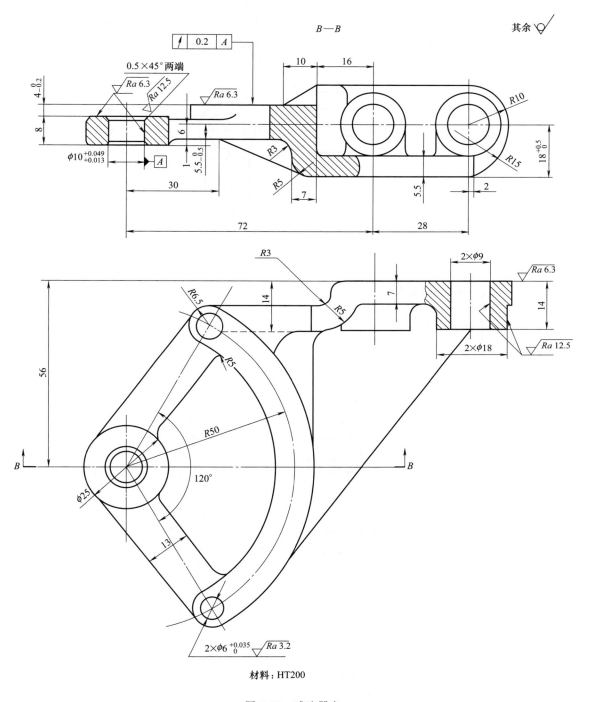

材料：HT200

图 3-23 减速器盘

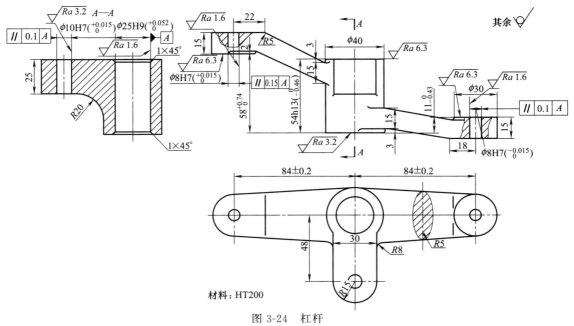

材料：HT200

图 3-24 杠杆

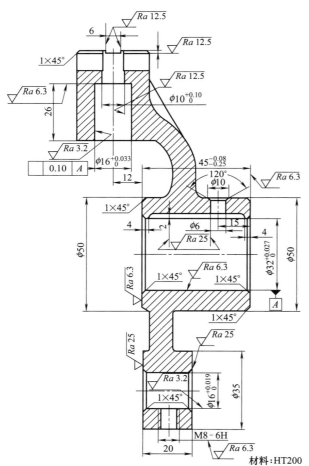

材料：HT200

图 3-25 推动架

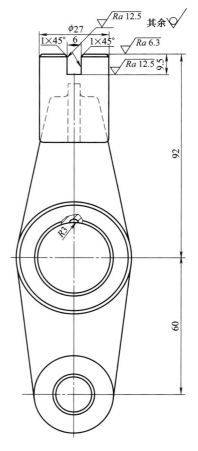

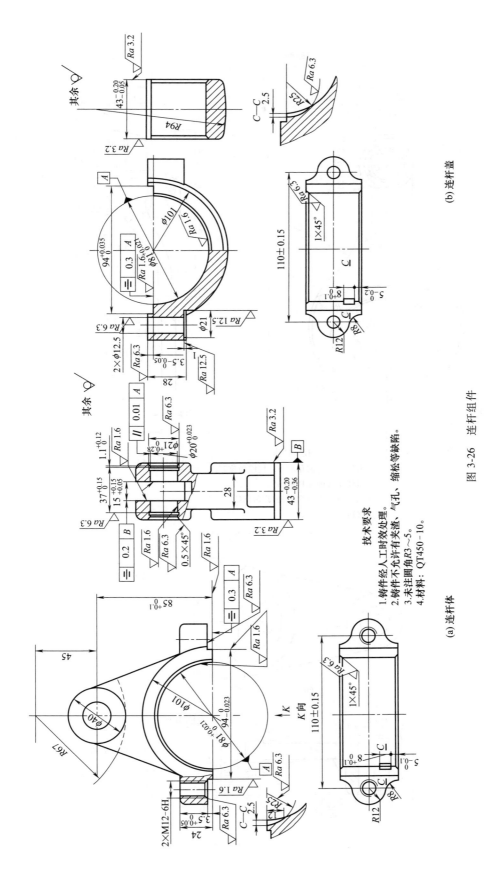

技术要求
1.铸件经人工时效处理。
2.铸件不允许有夹渣、气孔、缩松等缺陷。
3.未注圆角R3～5。
4.材料: QT450-10。

(a) 连杆体

(b) 连杆盖

图3-26 连杆组件

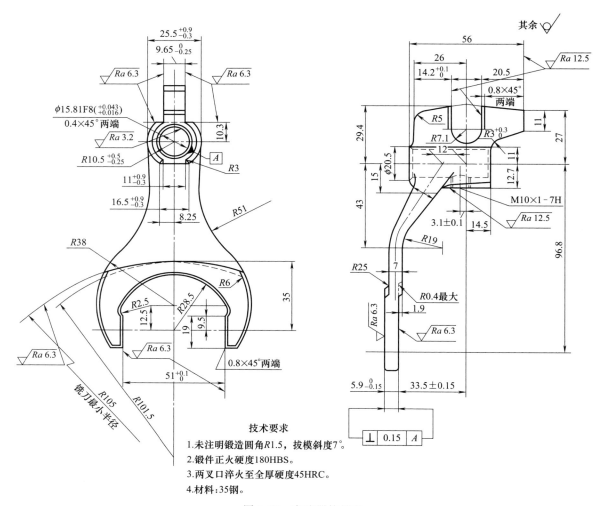

技术要求

1. 未注明锻造圆角R1.5，拔模斜度7°。

2. 锻件正火硬度180HBS。

3. 两叉口淬火至全厚硬度45HRC。

4. 材料：35钢。

图 3-27　变速器拨挡叉

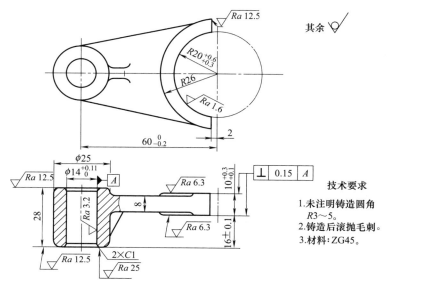

技术要求

1. 未注明铸造圆角
   R3～5。

2. 铸造后滚抛毛刺。

3. 材料：ZG45。

图 3-28　车床拨叉

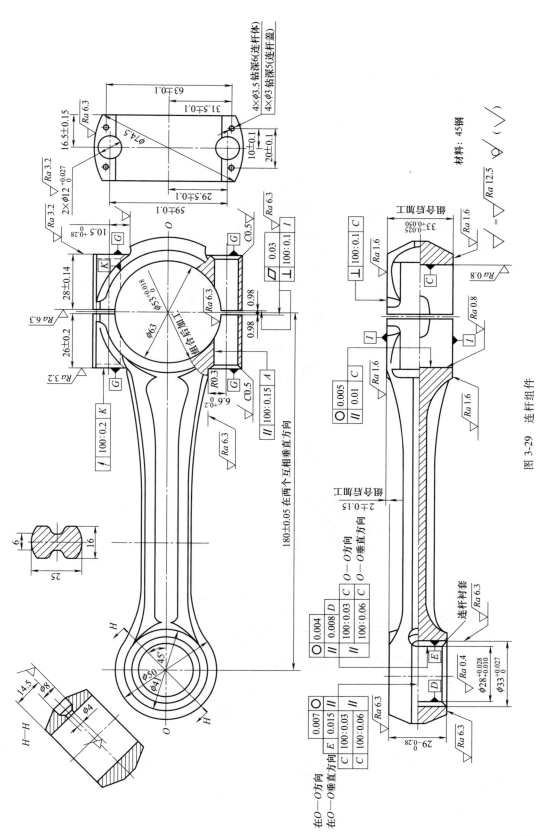

图 3-29 连杆组件

材料：45钢

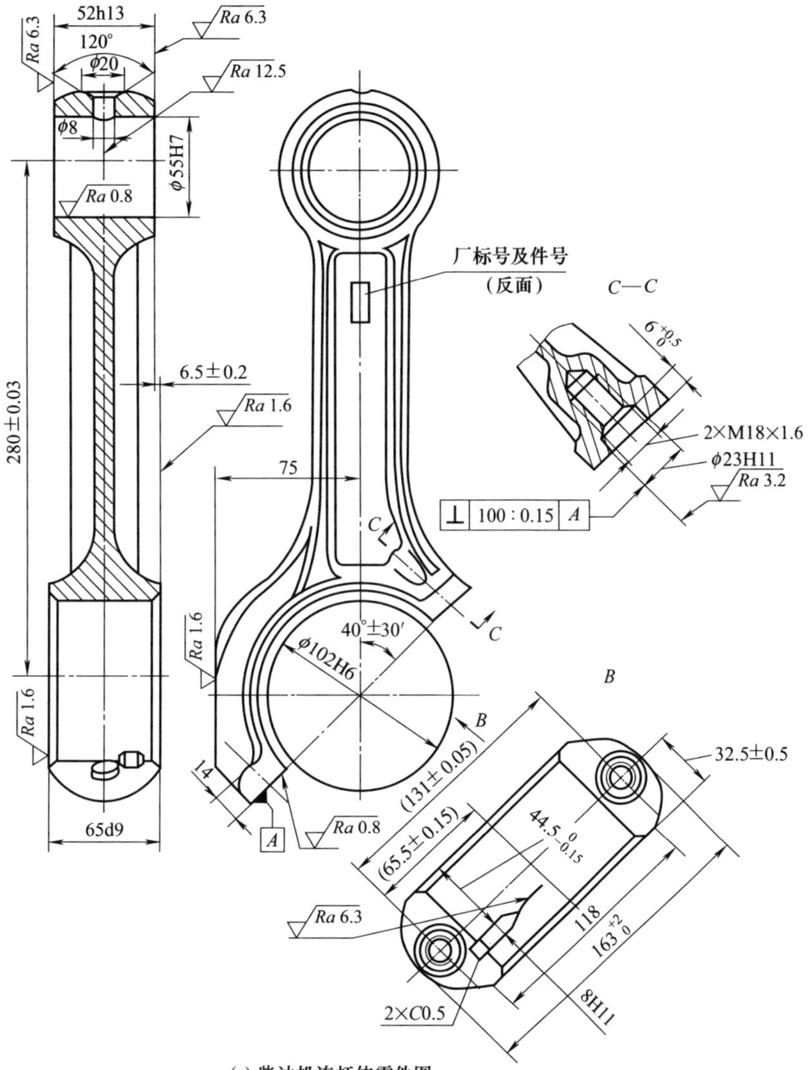

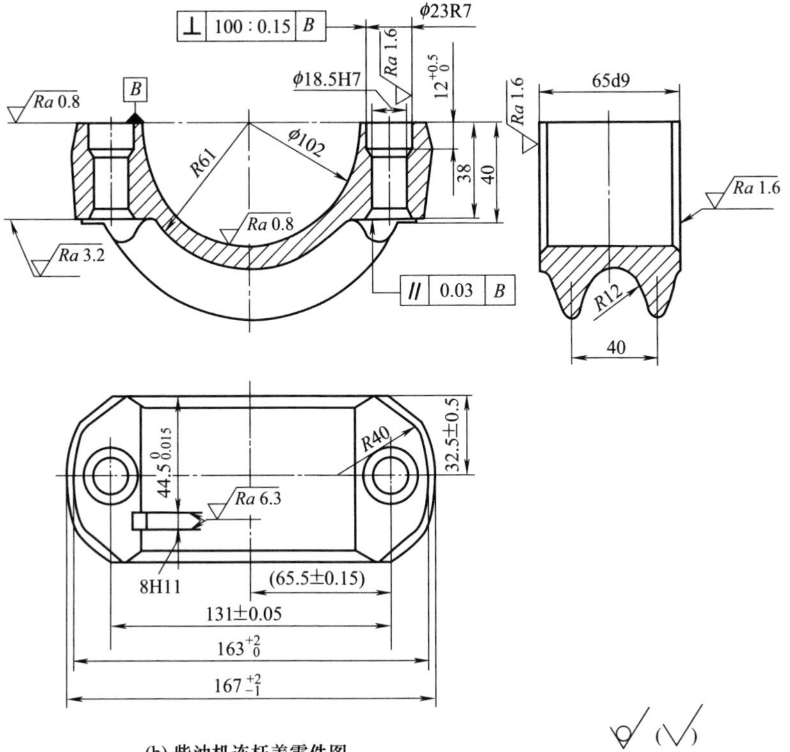

(b) 柴油机连杆盖零件图

技术要求

1. 铸件经人工时效处理。
2. 铸件不允许有夹渣、气孔、缩松等缺陷。
3. 未注圆角 R3～5。

(a) 柴油机连杆体零件图

图 3-30　柴油机连杆合件

第二节　使用推荐题目的简要说明

为使读者能尽快了解当前图样的生产类型、材料使用、热处理等事项，增加了表 3-1，专门针对图 3-1～图 3-30 的相关事项予以简要说明。

表 3-1　图 3-1～图 3-30 使用简要说明

序号	图号	使用说明
1	图 3-1 输出轴	输出轴：图 3-1 所示的输出轴为动力输出装置中的主要零件。$\phi 80^{+0.042}_{+0.012}$ mm 孔与动力源（电动机主轴等）配合起定心作用。用 $10\times\phi 20$ mm 销将动力传至该轴，再由 $\phi 55^{+0.023}_{+0.003}$ mm 处通过键将动力输出。A、B 是两段支承轴径。 生产类型：中批量生产 材料与热处理：见图中的说明
2	图 3-2 单拐曲轴	单拐曲轴：图 3-2 所示的单拐曲轴为汽车发动机的重要零件，它与连杆配合，将作用在活塞上的气体压力变为旋转的动力，传给底盘的传动机构，驱动配气机构和其他辅助装置，它由主轴颈、连杆轴颈、曲柄、平衡块、前端和后端组成。 单拐小型曲轴，生产批量不大，可选定中心孔定位，选用特定的专用偏心夹具加工连杆轴颈。该零件刚性差，应按照先粗后精的原则安排加工顺序。其主要加工工序建议安排为：铣曲轴两端面，钻中心孔，曲轴主轴颈的车削，曲轴连杆轴颈的机械加工，键槽加工，轴颈的磨削。并且该曲轴在铸造时，左端 $\phi 110^{+0.025}_{+0.003}$ mm 要在直径方向上留出工艺尺寸量，铸造尺寸为 $\phi 130$ mm，这样就保证了开拐前加工出工艺键槽做准备。该工艺键槽与开拐工装配合传递扭矩。 生产类型：中批量生产 材料与热处理：见图中的说明
3	图 3-3 车床主轴	车床主轴：轴类零件是机器中常见的一类零件，它主要起支承传动件和传递扭矩的作用，轴是旋转体零件，主要由内外圆柱表面、螺纹、花键、内外圆锥面及横向孔等组成。主轴的支承轴径 A、B 是主轴部件的装配基准，它的制造精度直接影响到主轴部件的回转精度，所以对 A、B 两端轴颈提出很高的要求；主轴前端部莫氏 6 号锥孔用来安装顶尖或工具柄，其锥孔轴线必须与支承轴径线同轴，否则会引起加工工件出现相对位置误差；主轴前端圆锥面和端面是安装卡盘或车床夹具的定位表面，为了保证卡盘的定心精度，该圆锥表面必须与支承轴颈同轴，端面也必须与主轴的回转轴线垂直；主轴的螺纹是用来固定与调节主轴承间隙的，当螺纹中径对支承轴颈倾斜时，会造成锁紧螺母端面不垂直，轴承位置发生变动，引起主轴径向圆跳动。 生产类型：小批量生产 材料与热处理：见图中的说明
4	图 3-4 活塞杆	活塞杆：活塞杆是支持活塞做功的连接部件，是一个运动频繁、技术要求高的零件。 一般活塞杆采用 38CrMoAlA 材料，且部分经过调质处理和表面渗氮处理，其心部硬度为 28～32HRC，表面硬度为 62～65HRC，使之具有一定的韧性。 活塞杆的结构比较简单，但长径比比较大，所以它属于细长轴类零件，刚性不好。因此，为了保证其加工精度，在对活塞杆进行加工时，应分开粗车、精车加工，防止工件在加工过程中发生变形。还要注意，在加工两端螺纹时使用中心架。 磨削外圆表面时，易产生弹性变形，从而影响活塞杆的精度。因此，要修研中心孔，中心孔保持清洁，并且与顶尖的松紧程度要适当，润滑要良好。除此之外，砂轮宽度要选择窄一些的，以减小径向磨削力。 在磨削锥度时，要先磨削试件，试件磨削检查合格后，才能开始磨削锥度。 为了保证活塞杆加工精度的稳定性，加工全过程中，不允许人工校直；在进行渗氮作业时，活塞杆的螺纹部分应有保护装置，起到保护作用。 生产类型：大批量生产 材料与热处理：见图中的说明

序号	图号	使用说明
5	图 3-5 气门	气门:图 3-5 所示是汽车发动机的气门,它控制发动机在排气行程的时候正常将废气排出。气门的工作条件非常恶劣。首先,气门直接与高温燃烧气体接触,受热严重,而散热困难,因此气门温度很高。其次承受气体力和气门弹簧力的作用,以及由于配气门机构运动件的惯性力使气门落座时受到冲击。再次,气门在润滑条件很差的情况下,以极高的速度启闭,并在气门导管内做高速往复运动。此外,气门由于与高温燃气中有腐蚀性的气体接触而受到腐蚀。为此,材料选择4Cr14Ni14W2Mo,热处理硬度为 197~285HBW。 发动机的气门为菌形气门,由气门头部和气门杆部两部分组成。气门顶部为平顶形状,其结构简单、制造方便、受热面积小等。 生产类型:中批量生产 材料与热处理:见图中的说明
6	图 3-6 主轴	主轴:该主轴的 A、B 两段是支承位置,使得该主轴处于一个合理的位置;螺纹 M27×1.5 是轴向间隙调整螺纹;锥度 1:5 是安装被传动件的位置,用来传递运动和扭矩。 生产类型:大批量生产 材料与热处理:见图中的说明
7	图 3-7 连接座	连接座:图 3-7 所示是离心式微电机水泵上的连接座。左端 $\phi 125h6$ 外圆与水泵泵壳连接,水泵叶轮在 $\phi 100H7$ 孔内,右端 $\phi 121h7$ 外圆与电动机机座连接,$\phi 40H6$ 孔与轴承配合。 生产类型:中批量生产 材料与热处理:见图中的说明
8	图 3-8 填料 箱盖	填料箱盖:图 3-8 所示为 ZW-6/7 型空气压缩机的填料箱盖,它通过 $\phi 100f8$ 和 $\phi 65h5$ 与缸座孔配合并用螺栓紧固。长径为 672×$\phi 30h6$ 的活塞杆穿过该零件内孔,$\phi 60H8$ 孔内装入填料,防止活塞杆运动时漏油,右端通过螺栓与压盖连接。宽度为 $7.5^{+0.20}_{0}$ mm 的槽装 O 形密封圈。 生产类型:大批量生产 材料与热处理:见图中的说明
9	图 3-9 操纵阀	操纵阀:图 3-9 所示是凿岩机上的操纵阀,用来控制整机的运动。左端 $\phi 16^{-0.030}_{-0.016}$ mm 外圆与一手柄相连,其上平面用于定位;A、B、C、D、E 各截面上的孔或槽均为气路;F 截面相当于凸轮,用来控制水路系统开与关;H 向槽装固定子;$\phi 30^{0}_{-0.013}$ mm 外圆与柄体配合,其粗糙度、尺寸精度及圆柱度要求较高,以减少气路间串气。 生产类型:大批量生产 材料与热处理:见图中的说明
10	图 3-10 法兰 轴套	法兰轴套:图 3-10 所示是某设备上的法兰轴套。该零件以外圆 $\phi 60^{0}_{-0.02}$ mm(即 B 面)定位,以与 B 面垂直的端面轴向定位,用螺钉通过 4×$\phi 10$mm 与另一零件相连接;以 A 孔为基准,以 3 个 R6mm 凹槽实现与另一零件的运动传递。 生产类型:中批量生产 材料与热处理:见图中的说明
11	图 3-11 法兰盘	法兰盘:图 3-11 所示的是盘状零件,起连接定心作用。车床的变速箱依靠该法兰盘定心固定于主轴箱上。法兰盘内孔与主轴的中间轴承外圆配合,外圆与变速箱体孔相配合,以保证主轴 3 个轴承孔同心,使齿轮正确啮合。 生产类型:中批量生产 材料与热处理:见图中的说明
12	图 3-12 涡轮轴 承座	涡轮轴承座:图 3-12 所示的是某设备上起连接作用的零件,表面 M、D、N、S 有着较高的精度,即以 S、D 两面安装在壳体上,M、N 两表面安装轴承,实现轴的 S 面同心,与 D 面垂直。 生产类型:中批量生产 材料与热处理:见图中的说明

序号	图号	使 用 说 明
13	图 3-13 气缸套	气缸套:气缸套是一个圆筒形零件,置于机体的气缸体孔中,由气缸盖压紧固定。活塞在其内孔做往复运动,其外有冷却水冷却。与缸盖、活塞共同构成气缸工作空间。气缸套内表面受高温高压燃气直接作用,并始终与活塞环及活塞裙部发生高速滑动摩擦。外表与冷却水接触,在较大温差下会产生严重热应力,受冷却水腐蚀。活塞对缸套的侧推力不仅加剧其内表面摩擦,并使其产生弯曲。侧推力改变方向时,活塞还撞击缸套。此外,还受到较大的安装预紧力
14	图 3-14 活塞 零件	活塞零件:图 3-14 活塞是曲柄连杆机构中的主要零件之一,是发动机的心脏。在活塞压缩行程终了时,燃烧室内的工作混合气被火花塞点燃后爆发(膨胀做功),产生强大的压力,推动活塞沿气缸向下运动,并通过连杆使活塞的直线往复运动变为曲柄的旋转运动,这就是发动机动力的来源。活塞的第一个作用就是做功。 发动机做功是由进气、压缩、爆发(做功)、排气 4 个行程来完成的一个工作循环。不断循环,发动机才能连续地工作,这就要求发动机内活塞顶上的空间有非常好的密封效果。密封是活塞的第二个作用。 发动机在点燃爆发时,温度高达 2000～2500℃,要靠活塞和活塞环将高温传给气缸壁,再由气缸壁外侧水套内的循环水将热量带走。活塞的第三个作用是传热。 活塞由头部(环槽、环岸和绝热槽)、裙部和顶部 3 部分组成。 活塞的主要加工表面及技术要求为:①环岸及环槽底对活塞裙部轴心的径向圆跳动最大允差为 0.1～0.15mm,全部槽底表面粗糙度为 $Ra0.4\mu m$。 ②环槽侧面对活塞裙部轴心线垂直度不超过 25∶0.07,环槽侧面对活塞裙部轴心线跳动不超过 0.05mm,全部槽侧表面粗糙度为 $Ra0.4\mu m$。 ③活塞销孔尺寸及精度为 $\phi(28\pm0.075)$mm;销孔圆柱度为 0.00125mm;表面粗糙度为 $Ra0.125\mu m$;两销孔同轴度误差,在最大实体状态时为零;销孔心线对裙部轴心线垂直度为 100∶0.035。这些参数超差会使活塞销与活塞孔配合不正常,破坏活塞、活塞销、连杆的正确装配位置,不能保证正常的润滑,并产生不正常磨损。 ④裙部保留宽 0.2mm、深 0.008～0.016mm 的刀痕,以便能存储润滑油,使发动机在工作中活塞与缸壁之间形成一层油膜,从而减少活塞与缸壁的摩擦。 ⑤为了改善活塞的机械加工性能,在活塞的制造过程中对销孔尺寸、外圆尺寸和重量分别进行分组,然后按装配工艺要求进行分组装配。 生产类型:中批量生产 材料与热处理:见图中的说明
15	图 3-15 气门摇 杆轴 支座	气门摇杆轴支座:图 3-15 所示是 2105 柴油机中摇杆座结合部的气门摇杆轴支座。$\phi20^{+0.10}_{+0.06}$mm 孔装摇杆轴,轴上两端各装一进、排气门摇杆,摇杆座通过两个 $\phi13$mm 孔用 M12 螺杆与气缸盖相连。3mm 轴向槽用于锁紧摇杆轴,使之不转动。 生产类型:中批量生产 材料与热处理:见图中的说明
16	图 3-16 油阀座	油阀底座:图 3-16 所示是凿岩机注油器上的油阀底座。左端通过 Rc3/4 与主机连接;右端以 $\phi63$mm 外圆定位与油壶壳体相连,一管套穿过油壶壳体与 $\phi24.5^{+0.13}_{0}$mm 孔焊接,高压气体从左端进入阀座,在负压作用下,油壶内油从 $\phi2$mm 孔流至 $\phi22$mm 孔,并与高压气体混合后成雾状从管套喷出。$\phi16$H10 孔装入油量调节装置,缺口标志油量调节范围。 生产类型:大批量生产 材料与热处理:见图中的说明
17	图 3-17 连接座	连接座:图 3-17 所示是离心式微电机水泵上的连接座。左端 $\phi125$h6 外圆与水泵泵壳连接,水泵叶轮在 $\phi100$H7 孔内,右端 $\phi121$h7 外圆与电动机机座连接,$\phi40$H6 孔与轴承配合。 生产类型:大批量生产 材料与热处理:见图中的说明

序号	图号	使　用　说　明
18	图 3-18 左支座	左支座:图 3-18 所示是机床上的一个支座。它用螺钉通过 $4\times\phi13$mm 孔连接于机架上。该零件纵横两方向上 $5_{-0}^{\ 0}$mm 的槽使 80mm 耳孔部分有一定弹性,利用一端带 M20 螺纹(穿过 $\phi21$mm 孔)、一端与 $\phi25$H7 配合的杆件通过旋紧其上的螺母夹紧,使装在 $\phi80$H9 孔内的芯轴定位并夹牢。 生产类型:小批量生产 材料与热处理:见图中的说明
19	图 3-19 变速器 轴承 外壳	变速器轴承外壳:图 3-19 所示为"跃进"牌汽车变速器第二轴承外壳。它通过 $\phi80$h8 定位,利用凸缘上 $5\times\phi10.5$mm 孔连接于变速箱体上,$\phi80$h8 端面压在装于第二轴上的轴承外圈上使之轴向固定。$\phi24$H8 孔与 $\phi8_{0}^{+0.05}$mm 孔上支承装于该零件 C 面上的里程表斜齿轮轴,该齿轮与第二轴端上的大斜齿轮啮合,将运动传于里程表轴,使里程表指针转动,完成计数与指示功能。 生产类型:中批量生产 材料与热处理:见图中的说明
20	图 3-20 液压 泵盖	液压泵盖:图 3-20 所示为齿轮泵中的右端盖,齿轮泵体内的一对齿轮通过轴、轴承被左右端盖所支承。图中 $2\times\phi25.5$H8 孔即支承孔,A 面与泵体接触,用 $7\times$M8 螺杆将泵体与左右端盖连在一起,右端 B 面及 $\phi66$f9 止口与液压泵支架配合,并通过 $3\times\phi11$mm 孔用 M10 螺栓紧固在支架上。 生产类型:大批量生产 材料与热处理:见图中的说明
21	图 3-21 气门摇 臂轴 支座	(1)零件工艺性分析 ①零件材料:HT200。切削加工性良好,是脆性材料,产生崩碎切屑加工中有冲击。选择刀具参数时,可适当减小前角,以强化刀刃;刀具材料选择范围较大,高速钢及 YG 硬质合金都可以。 ②组成表面分析:组成表面有 $\phi11$mm 圆孔及其上下端面、$\phi16$mm 内孔及其两端面、$\phi18$mm 内孔及其两端面、$\phi3$mm 斜孔、倒角、各外圆表面、各外轮廓表面。 ③主要表面分析:$\phi16$mm、$\phi18$mm 孔用于支承零件,为工作面,孔表面粗糙度要求 $Ra1.6\mu m$,$\phi11$mm 孔底面为安装(支承)面,亦是该零件的主要基准。 ④主要技术要求:$\phi16$mm 内孔轴心与底面 A 的平行度保持在 0.05mm 以内,$\phi18$mm 内孔轴心与底面 A 的平行度保持在 0.05mm 以内,$\phi18$mm 内孔两端面与顶面 B 的跳动保持在 0.1mm 以内。 (2)零件制造工艺设计 ①毛坯选择:根据零件材料、形状、尺寸、批量大小等因素,选择砂型铸件。 ②基准分析:底面 A 是零件的主要设计基准,也比较适合作零件上众多表面加工的定位基准。 ③零件安装方案:加工底面 A、顶面 B 时,均可采用虎钳安装(互为基准);$\phi11$mm、$\phi16$mm、$\phi18$mm 内孔表面加工,均采用专用夹具安装,且主要定位基准均为底面 A;加工斜孔仍采用专用夹具安装,主要定位基准为 $\phi18$mm 孔两端面。 ④零件表面加工:底面 A、顶面 B 采用铣削加工,$\phi11$mm 孔、$\phi3$mm 斜孔采用钻削加工,$\phi16$mm、$\phi18$mm 孔及端面采用镗削加工。 生产类型:大批量生产 材料与热处理:见图中的说明
22	图 3-22 尾座体	尾座体:图 3-22 所示是工具磨床上的尾座体。$\phi17$H6 孔与顶尖研配,底面和 75°斜面与磨床工作台相连,通过 $\phi14$mm 孔用螺栓将尾座紧固在工作台上。 生产类型:小批量生产 材料与热处理:见图中的说明
23	图 3-23 减速 器盘	减速器盘:图 3-23 所示是 2105 柴油机中调速机构的减速器盘。$\phi10_{+0.013}^{+0.049}$mm 孔装一偏心轴,此轴一端通过销与手柄相连,另两端与油门拉杆相连。转动手柄,偏心轴转,油门拉杆即可打开油门(增速)或关小油门(减速)。$2\times\phi6_{0}^{+0.035}$mm 孔装两销,起限位作用,手柄可在 120°范围内转动,实现无级调速。该零件通过 $2\times\phi9$mm 孔用 M8 螺栓与柴油机机体连接。 生产类型:中批量生产 材料与热处理:见图中的说明

序号	图号	使 用 说 明
24	图 3-24 杠杆	杠杆:图 3-24 所示是铣床进给机构中的杠杆。$\phi25H9$ 孔与一轴连接起支撑本零件的作用。左右两孔 $\phi8H7$ 各装一拨叉,控制铣床工作台自动进给的离合器。$\phi10H7$ 孔通过销与另一杠杆(连操纵手柄)连接,操纵手柄,即可实现铣床工作台 3 个方向的自动进给。 生产类型:小批量生产 材料与热处理:见图中的说明
25	图 3-25 推动架	推动架:图 3-25 所示为牛头刨床进给机构中的零件。$\phi32^{+0.027}_{0}$ mm 孔装工作台进给丝杠轴,靠近 $\phi32^{+0.027}_{0}$ mm 孔左端处装一棘轮,在棘轮上方即 $\phi16^{+0.033}_{0}$ mm 孔装一棘爪,$\phi16^{+0.033}_{0}$ mm 孔通过销与杠杆连接,把从电动机传来的旋转运动通过偏心轮、杠杆使该零件绕 $\phi32^{+0.027}_{0}$ mm 轴心线摆动。同时,棘爪拨动棘轮,使丝杠转动,实现工作台的自动进给。 生产类型:小批量生产 材料与热处理:见图中的说明
26	图 3-26 连杆 组件	连杆组件:连杆是柴油机的重要零件之一。连杆体[图 3-26(a)]与连杆盖[图 3-26(b)]通过螺栓连接成为一整体,其大头孔与曲轴相连,小头孔通过活塞销与活塞连接,将作用于活塞的气体膨胀压力传给曲轴,又受曲轴驱动而带动活塞压缩气缸中的气体。 生产类型:中批量生产 材料与热处理:见图中的说明
27	图 3-27 变速器 拨挡叉	变速器换挡叉:图 3-27 为"跃进"牌汽车变速器三、四挡换挡叉。它用一 M10×1 螺钉通过 $\phi15.81F8$ 孔连接于换挡轴上,操纵杆下端球头插入 $14.2^{+0.1}_{0}$ mm 槽内,可拨动它连同换挡轴一起左右移动,此时,卡入双联齿轮退刀槽中的岔口 $51^{+0.1}_{0}$ mm 利用两端面拨动齿轮改变位置,达到变速的目的。 生产类型:中批量生产 材料与热处理:见图中的说明
28	图 3-28 车床 拨叉	车床拨叉:图 3-28 车床拨叉是 CA6140 溜板箱纵横向机动进给操纵机构操纵 XⅧ轴上离合器 M8 的拨叉。 生产类型:中批量生产 材料与热处理:见图中的说明
29	图 3-29 连杆 组件	连杆组件:图 3-29 连杆是活塞式发动机的重要零件,其大头孔和曲轴连接,小头孔通过活塞销和活塞连接,将作用于活塞的气体膨胀压力传给曲轴,又受曲轴驱动而带动活塞压缩气缸中的气体。 连杆承受的是高交变载荷,气体的压力在杆身内产生很大的压缩应力和纵向弯曲应力;由活塞和连杆重量引起的惯性力,使连杆承受拉应力。所以连杆承受的是冲击性的惯性载荷,因此要求连杆质量轻、强度要好。 连杆是细长的变截面非圆形杆件,其杆身截面从大头到小头逐渐变小,以适应在工作中承受剧烈变化的动载荷。 连杆由连杆大头、杆身和连杆小头 3 部分组成。连杆大头是分开的,一半与杆身为一体,另一半为连杆盖,连杆盖用螺栓和螺母与曲轴主轴颈装配在一起。为了减少磨损和磨损后便于修理,在连杆小头孔中压入青铜衬套,大头孔中装有薄壁金属轴瓦。 连杆的主要技术要求为:大小头孔的精度、两孔中心距、两孔轴线在两个相互垂直方向上的平行度、大头孔两端面对其轴线的垂直度、两螺孔(定位孔)的位置精度以及连杆组内各连杆的质量差。 连杆的尺寸精度、形状精度和位置精度的要求都很高,但刚性又较差,容易产生变形,连杆的主要加工表面为大小头孔、两端面、连杆盖与连杆体的结合面和螺栓等。次要表面为油孔、锁口槽、供作工艺基准的工艺凸台等。还有称重去重、检验、清洗和去毛刺等工序。 生产类型:大批量生产 材料与热处理:见图中的说明

序号	图号	使 用 说 明
30	图 3-30 柴油机 连杆 合件	柴油机连杆合件:图 3-30 连杆是活塞式发动机的重要零件,其大头孔和曲轴连接,小头孔通过活塞销和活塞连接,将作用于活塞的气体膨胀压力传给曲轴,又受曲轴驱动而带动活塞压缩气缸中的气体。连杆承受的是高交变载荷,气体的压力在杆身内产生很大的压缩应力和纵向弯曲应力;由活塞和连杆重量引起的惯性力,使连杆承受拉应力。所以连杆承受的是冲击性的惯性载荷,因此要求连杆质量轻、强度要好。 连杆是细长的变截面非圆形杆件,其杆身截面从大头到小头逐渐变小,以适应在工作中承受剧烈变化的动载荷。 连杆由连杆大头、杆身和连杆小头 3 部分组成。连杆大头是分开的,一半与杆身为一体,另一半为连杆盖,连杆盖用螺栓和螺母与曲轴主轴颈装配在一起。为了减少磨损和磨损后便于修理,在连杆小头孔中压入青铜衬套,大头孔中装有薄壁金属轴瓦。 连杆的主要技术要求为:大小头孔的精度、两孔中心距、两孔轴线在两个相互垂直方向上的平行度、大头孔两端面对其轴线的垂直度、两螺孔(定位孔)的位置精度以及连杆组内各连杆的质量差。 连杆的尺寸精度、形状精度和位置精度的要求都很高,但刚性又较差,容易产生变形,连杆的主要加工表面为大小头孔、两端面、连杆盖与连杆体的结合面和螺栓等。次要表面为油孔、锁口槽、供作工艺基准的工艺凸台等。还有称重去重、检验、清洗和去毛刺等工序。 生产类型:大批量生产、采用流水线作业 材料与热处理:见图中的说明

第四章
制造工艺与夹具课程（毕业）设计的常用资料

第一节　各种加工方法的经济精度及表面粗糙度

一、典型表面加工的经济精度及表面粗糙度

（一）内圆表面加工的经济精度及表面粗糙度

孔表面是盘类零件的重要表面之一。盘类零件上有各种各样的孔表面，如绕中心轴线的回转孔，螺钉、螺栓的紧固孔，常用于保证零件间配合准确性的圆锥孔等。

一般盘类零件孔表面的加工方法主要有钻孔、扩孔、铰孔、镗孔、拉孔、磨孔，加工设备以车床、钻床、镗床、拉床、磨床为主。车床可以进行钻孔、扩孔、铰孔、镗孔加工，钻床能进行钻孔、扩孔、铰孔加工，拉床用于孔的拉削加工，对高精度的孔表面，应用内圆磨床进行磨削加工。

选择孔表面加工方法时，应考虑孔径大小、孔的深度和精度，工件形状、尺寸、质量、材料、表面粗糙度、热处理要求、生产批量及设备等具体条件。另外，还应根据孔径大小和长径比来选择孔的加工方案。对于精度要求很高的孔，最后还需经珩磨或研磨及滚压等精密加工。内圆表面加工的经济精度及表面粗糙度见表 4-1。

表 4-1　内圆表面加工的经济精度及表面粗糙度

加工方法	经济精度	表面粗糙度 $Ra/\mu m$	适用范围
钻	IT12～IT13	12.5	加工未淬火钢及铸铁的实心毛坯，也可用于加工有色金属（但表面粗糙度稍低）孔径<15～20mm
钻—铰	IT8～IT10	3.2～1.6	
钻—粗铰—精铰	IT7～IT8	1.6～0.8	
钻—扩	IT10～IT11	12.5～6.3	
钻—扩—粗铰—精铰	IT7～IT8	1.6～0.8	同上，但孔径>15～20mm
钻—扩—铰	IT8～IT9	3.2～1.6	
钻—扩—机铰—手铰	IT6～IT7	0.4～0.1	
钻—（扩）—拉	IT7～IT9	1.6～0.1	大批量生产，精度视拉刀精度而定

加工方法	经济精度	表面粗糙度 $Ra/\mu m$	适用范围
粗镗（或扩孔）	IT11～IT13	12.5～6.3	毛坯是未淬火钢及铸件，毛坯有孔
粗镗（粗扩）—半精镗（精扩）	IT9～IT10	3.2～1.6	
扩（镗）—铰	IT9～IT10	3.2～1.6	
粗镗（扩）—半精镗（精扩）—精镗（铰）	IT7～IT8	1.6～0.8	
镗—拉	IT7～IT9	1.6～0.1	
粗镗（扩）—半精镗（精扩）—精镗—浮动镗刀块精镗	IT6～IT7	0.8～0.4	
粗镗—半精镗—磨孔	IT7～IT8	0.8～0.2	淬火钢或非淬火钢
粗镗（扩）—半精镗—粗磨—精磨	IT6～IT7	0.2～0.1	
粗镗—半精镗—精镗—金刚镗	IT6～IT7	0.4～0.05	有色金属精加工
钻—（扩）—粗铰—精铰—珩磨	IT6～IT7	0.2～0.025	黑色金属高精度大孔的加工
钻—（扩）—拉—珩磨			
粗镗—半精镗—精镗—珩磨			
以研磨代替上述方案中的珩磨	IT6级以上	0.1 以下	
钻（粗镗）—扩（半精镗）—精镗—金刚镗—脉冲滚挤	IT6～IT7	0.1	有色金属及铸件上的小孔

（二）外圆表面加工的经济精度及表面粗糙度

轴类零件是具有外圆柱表面的典型零件，它是机器中经常遇到的典型零件之一，主要用来支承传动零部件，传递扭矩和承受载荷。

轴类零件属于旋转体零件，主要由圆柱面、圆锥面、螺纹及键槽等表面构成。根据其结构形状又可分为光轴、空心轴、半轴、阶梯轴和异形轴（十字轴、偏心轴、曲轴、凸轮轴）等。

轴类零件上安装支承轴承和传动件的部位是主要表面，表面粗糙度数值要求较小，加工精度要求较高。除尺寸精度要求外，还有圆度、圆柱度、同轴度和垂直度等方面的要求。

外圆表面常用的机械加工方法有车削、磨削和各种光整加工方法。车削加工是外圆表面最经济有效的加工方法，但就其经济精度来说，一般适于作为外圆表面粗加工和半精加工方法；磨削加工是外圆表面主要精加工方法，特别适用于各种高硬度和淬火后的零件精加工；光整加工是精加工后进行的超精密加工方法（如滚压、抛光、研磨等），适用于某些精度和表面质量要求很高的零件。由于各种加工方法所能达到的经济加工精度、表面粗糙度、生产率和生产成本各不相同，因此必须根据具体情况，选用合理的加工方法，从而加工出满足图纸要求的合格零件。

外圆表面加工的经济精度及表面粗糙度见表 4-2。

（三）平面加工的经济精度及表面粗糙度

零件的主要平面是为了作为装配基准面和加工中的定位基准面设立的，直接影响到加工中的定位精度，影响到该零件与机器装配后的相对位置、接触刚度以及密封，因而应具有较高的形状精度（平面度）和表面粗糙度要求。

表 4-2　外圆表面加工的经济精度及表面粗糙度

加工方法	经济精度	表面粗糙度 $Ra/\mu m$	适用范围
粗车	IT11～IT13	12.5～6.3	适用于淬火钢以外的各种金属
粗车—半精车	IT8～IT10	6.3～3.2	
粗车—半精车—精车	IT6～IT9	1.6～0.8	
粗车—半精车—精车—滚压(或抛光)	IT6～IT8	0.2～0.025	
粗车—半精车—磨削	IT6～IT8	0.8～0.4	适用于淬火钢、未淬火钢
粗车—半精车—粗磨—精磨	IT5～IT7	0.4～0.1	
粗车—半精车—粗磨—精磨—超精加工	IT5～IT6	0.1～0.012	
粗车—半精车—精车—精磨—研磨	IT5 级以上	<0.1	
粗车—半精车—粗磨—精磨—超精磨(或镜面磨)	IT5 级以上	<0.05	
粗车—半精车—精车—金刚石车	IT5～IT6	0.2～0.025	适用于有色金属

平面加工方法主要有车削、铣削、刨削、拉削、磨削及光整加工等。车削、铣削和刨削常用作平面的粗加工和半精加工，而磨削则作为平面的精加工。此外，还有刮研、研磨、超精加工、抛光等光整加工方法。采用哪种加工方法较合理，需根据零件的形状、尺寸、材料、技术要求、生产类型及工厂现有设备来决定。

平面加工的经济精度及表面粗糙度见表 4-3。

表 4-3　平面加工的经济精度及表面粗糙度

加工方法	经济精度	表面粗糙度 $Ra/\mu m$	适用范围
粗车	IT10～IT11	12.5～6.3	未淬硬钢、铸铁、有色金属端面加工
粗车—半精车	IT8～IT9	6.3～3.2	
粗车—半精车—精车	IT6～IT7	1.6～0.8	
粗车—半精车—磨削	IT7～IT9	0.8～0.2	钢、铸铁端面加工
粗刨(粗铣)	IT12～IT14	12.5～6.3	不淬硬的平面
粗刨(粗铣)—半精刨(半精铣)	IT11～IT12	6.3～1.6	
粗刨(粗铣)—精刨(精铣)	IT7～IT9	6.3～1.6	
粗刨(粗铣)—半精刨(半精铣)—精刨(精铣)	IT7～IT8	3.2～1.6	
粗铣—拉	IT6～IT9	0.8～0.2	大量生产未淬硬的小平面
粗刨(粗铣)—精刨(精铣)—宽刃刀精刨	IT6～IT7	0.8～0.2	未淬硬的钢件、铸铁件及有色金属件
粗刨(粗铣)—半精刨(半精铣)—精刨(精铣)—宽刃刀低速精刨	IT5	0.8～0.2	
粗刨(粗铣)—精刨(精铣)—刮研	IT5～IT6	0.8～0.1	
粗刨(粗铣)—半精刨(半精铣)—精刨(精铣)—刮研			
粗刨(粗铣)—精刨(精铣)—磨削	IT6～IT7	0.8～0.2	淬硬或未淬硬的黑色金属工件
粗刨(粗铣)—半精刨(半精铣)—精刨(精铣)—磨削	IT5～IT6	0.4～0.2	
粗铣—精铣—磨削—研磨	IT5 级以上	<0.1	

（四）花键加工的经济精度

花键是机械运动中的扭矩传递部件，其制造工艺水平和产品质量直接影响总成质量。花键加工是利用机械的方法获得花键特定结构和精度的工艺过程。花键加工可采用齿轮加工机床，或专用的花键加工机床，也可以采用冷打和冷挤压的加工方法。

花键加工的经济精度见表4-4。

表 4-4　花键加工的经济精度　　　　　　　　　　　　　　　　　　　　　　mm

花键的最大直径	轴				孔			
	用磨制的滚铣刀		成形磨		拉削		推削	
	花键宽	底圆直径	花键宽	底圆直径	花键宽	底圆直径	花键宽	底圆直径
18～30	0.025	0.05	0.013	0.027	0.013	0.018	0.008	0.012
>30～50	0.040	0.075	0.015	0.032	0.016	0.026	0.009	0.015
>50～80	0.050	0.10	0.017	0.042	0.016	0.030	0.012	0.019
>80～120	0.075	0.125	0.019	0.045	0.019	0.035	0.012	0.023

（五）齿形加工的经济精度

齿轮是依靠齿的啮合传递扭矩的轮状机械零件。齿轮通过与其他齿状机械零件（如另一齿轮、齿条、蜗杆）传动，可实现改变转速与扭矩、改变运动方向和改变运动形式等功能。

齿轮共有 13 个精度等级，用数字 0～12 由低到高的顺序排列。0 级最高，12 级最低。齿轮精度等级的选择，应根据传动的用途、使用条件、传动功率、圆周速度、性能指标或其他技术要求确定。

表 4-5 推荐了 6～9 级精度齿轮所采用的切齿方法。

表 4-5　齿形加工的经济精度

加工方法			切齿精度	加工方法			切齿精度
多头滚刀滚齿（$m=1\sim20$mm）			6～9	圆盘形剃齿刀剃齿（$m=1\sim20$mm）	剃齿刀精度等级	A	5
						B	6
						C	7
单头滚刀滚齿（$m=1\sim20$mm）	滚齿刀精度等级	AA	5	磨齿	成形砂轮仿形法		5～6
			6		盘形砂轮展成法		3～6
		AA	7		两个盘形砂轮展成法（马格法）		3～6
		A	8		蜗杆砂轮展成法		4～6
		B	9				
		C					
圆盘形插齿刀插齿（$m=1\sim20$mm）	插齿刀精度等级	AA	6	用铸铁研磨轮研齿			5～6
		A	7				
		B	8				

（六）齿轮、花键加工的表面粗糙度

表面粗糙度和机械零部件的耐磨性、疲劳强度、接触刚度、配合性质、密封性、耐蚀性等有密切关系。齿面粗糙度影响齿面接触疲劳强度和齿部精度。采用不同加工方法获得的齿轮齿面、花键工作表面的表面粗糙度见表4-6。

表 4-6　齿轮、花键加工的齿面表面粗糙度

加工方法	表面粗糙度 $Ra/\mu m$	加工方法	表面粗糙度 $Ra/\mu m$
粗滚	3.2～1.6	拉	3.2～1.6
精滚	1.6～0.8	剃	0.8～0.2
精插	1.6～0.8	磨	0.8～0.1
精刨	3.2～0.8	研	0.4～0.2

（七）圆锥形孔加工的经济精度

表 4-7　圆锥形孔加工的经济精度

加工方法		公差等级		加工方法		公差等级	
		锥孔	深锥孔			锥孔	深锥孔
扩孔	粗扩	IT11		铰孔	机动	IT7	IT7～IT9
	精扩	IT9			手动	高于 IT7	
镗孔	粗镗	IT9	IT9～IT11	磨孔	高于 IT7	高于 IT7	IT7
	精镗	IT7		研磨孔	IT6	IT6	IT6～IT7

注：表面粗糙度参照表 4-1 内圆表面加工相应加工方法选取。

（八）公制螺纹（即米制螺纹）加工的经济精度及表面粗糙度

表 4-8　公制螺纹（即米制螺纹）加工的经济精度及表面粗糙度

加工方法		螺纹公差带 (GB/T 197—2018)	表面粗糙度 $Ra/\mu m$	加工方法		螺纹公差带 (GB/T 197—2018)	表面粗糙度 $Ra/\mu m$
车螺纹	外螺纹	4h～6h	6.3～0.8	梳形刀车螺纹	外螺纹	4h～6h	0.6～0.8
	内螺纹	5H～7H			内螺纹	5H～7H	
圆板牙套螺纹		6h～8h		梳形铣刀铣螺纹		6h～8h	
丝锥攻内螺纹		4H～7H	3.2～0.8	旋风铣螺纹		6h～8h	
带圆梳刀自动张开式板牙		4h～6h		搓丝板搓螺纹		6h	1.6～0.8
				滚丝模滚螺纹		4h～6h	1.6～0.2
带径向或切向梳刀自动张开式板牙		6h		砂轮磨螺纹		4h 以上	0.8～0.2
				研磨螺纹		4h	0.8～0.05

注：外螺纹公差带代号中的"h"，换为"g"，不影响公差大小。

二、常用加工方法的形状和位置经济精度

（一）直线度、平面度的经济精度

表 4-9　直线度、平面度的经济精度

加工方法	超精密加工	精密加工		精加工	半精加工	粗加工
	超精磨、精研、精密刮	精密磨、研磨、精刮	精密车、磨、刮	精车、铣、刨、拉、粗磨	半精车、铣刨插	各种粗加工方法
公差等级	IT1～IT2	IT3～IT4	IT5～IT6	IT7～IT8	IT9～IT10	IT11～IT12

（二） 圆度、圆柱度的经济精度

表 4-10   圆度、圆柱度的经济精度

加工方法	超精密加工	精密加工	精加工	半精加工	粗加工
	研磨、精密磨、精密金刚镗	精密车、精密镗、精密磨、金刚镗、研磨、珩磨	精车、精镗、珩磨、拉、精铰	半精车、镗、铰、拉、精扩及钻	粗车及镗、钻
公差等级	IT1～IT2	IT3～IT4	IT5～IT6	IT7～IT8	IT9～IT10

（三） 平行度、倾斜度、垂直度的经济精度

表 4-11   平行度、倾斜度、垂直度的经济精度

加工方法	超精密加工	精密加工	精加工	半精加工	粗加工
	超精研、精密磨、精刮、金刚石加工	精密车、研磨、精磨、刮、珩	精车、镗、铣、刨、磨、刮、珩、坐标镗	半精车、镗、铣、刨、粗磨、导套钻、铰	各种粗加工方法
公差等级	IT1～IT2	IT3～IT4	IT5～IT7	IT8～IT10	IT11～IT12

（四） 同轴度、圆跳动、全跳动的经济精度

表 4-12   同轴度、圆跳动、全跳动的经济精度

加工方法	超精密加工	精密加工	精加工	半精加工	粗加工
	研磨、精密磨、金刚石加工、珩磨	精密车、精密磨、内圆磨（一次安装）、珩磨、研磨	精车、磨、内圆磨及镗（一次安装加工）	半精车、镗、铰、拉、粗磨	粗车、镗、钻
公差等级	IT1～IT2	IT3～IT4	IT5～IT6	IT7～IT9	IT10～IT12

三、常用机床加工的形状和位置精度

（一） 车床加工的经济精度

表 4-13   车床加工的经济精度

机床类型	最大加工直径/mm	圆度/mm	圆柱度/长度/(mm/mm)	平面度(凹入)/直径/(mm/mm)
卧式车床	250 320 400	0.01	0.015/100	0.015/≤200 0.02/≤300 0.025/≤400
	500 630 800	0.015	0.025/300	0.03/≤500 0.04/≤600 0.05/≤700
精密车床	250,400,320,500	0.005	0.01/150	0.01/200
高精度车床	250,320,400	0.001	0.002/100	0.002/100
立式车床	≤1000	0.01	0.02	0.04
车床上镗孔	两孔轴心线的距离误差或自孔轴心线到平面的距离误差/mm			
按划线	1.0～3.0			
在角铁式夹具上	0.1～0.3			

（二）铣床加工的经济精度

表 4-14　铣床加工的经济精度

机床类型	加工范围		平面度/mm	平行度		垂直度（加工面相互间）/(mm/mm)
				加工面对基面/mm	两侧加工面之间/mm	
升降台铣床	立式		0.02	0.03	—	0.02/100
	卧式		0.02	0.03	—	0.02/100
工作台不升降铣床	立式		0.02	0.03	—	0.02/100
	卧式		0.02	0.03	—	0.02/100
龙门铣床	加工长度/m	≤2	—	0.03	0.02	0.02/300
		>2~5		0.04	0.03	
		<5~10		0.05	0.05	
		<10		0.08	0.08	
摇臂铣床			0.02	0.03		0.02/100
铣床上镗孔			镗垂直孔轴心线的垂直度/(mm/mm)		镗垂直孔轴心线的位置度/mm	
回转工作台			(0.02~0.05)/100		0.1~0.2	
回转分度头			(0.05~0.1)/100		0.3~0.5	

（三）钻床加工的经济精度

表 4-15　钻床加工的经济精度

加工精度 加工方法	垂直孔轴心线的垂直度/(mm/mm)	垂直孔轴心线的位置度/mm	两平行孔轴心线的距离误差或自孔轴心线到平面的距离误差/mm	钻孔与端面的垂直度/(mm/mm)
按划线钻孔	(0.5~1.0)/100	0.5~2	0.5~1.0	0.3/100
用钻模钻孔	0.1/100	0.5	0.1~0.2	0.1/100

四、各种加工方法的经济精度

表 4-16　各种加工方法的经济精度

加工方法		经济精度	加工方法		经济精度
外圆表面	粗车	IT11~IT13	平面	细车端面	IT6~IT8
	半精车	IT8~IT10		粗铣	IT9~IT13
	精车	IT7~IT8		精铣	IT7~IT11
	细车	IT5~IT6		细铣	IT6~IT9
	粗磨	IT8~IT9		拉	IT6~IT9
	精磨	IT6~IT7		粗磨	IT7~IT10
	细磨	IT5~IT6		精磨	IT6~IT9
	研磨	IT5		细磨	IT5~IT7
平面	粗车端面	IT11~IT13		研磨	IT5
	精车端面	IT7~IT9			

加工方法	经济精度	加工方法	经济精度
钻孔	IT12～IT13	精拉	IT7～IT9
钻头扩孔	IT11	粗镗	IT11～IT13
粗扩	IT12～IT13	精镗	IT7～IT9
精扩	IT10～IT11	金刚镗	IT5～IT7
一般铰孔	IT10～IT11	粗磨	IT9
精铰	IT7～IT9	精磨	IT7～IT8
细铰	IT6～IT7	细磨	IT6
粗拉毛孔	IT10～IT11	研、珩	IT6

内孔表面（左侧合并）　内孔表面（右侧合并）

五、标准公差值与形位公差值

（一）标准公差值

表 4-17　标准公差值

基本尺寸 /mm		公差等级																			
大于	至	IT01	IT0	IT1	IT2	IT3	IT4	IT5	IT6	IT7	IT8	IT9	IT10	IT11	IT12	IT13	IT14	IT15	IT16	IT17	IT18
		μm													mm						
—	3	0.3	0.5	0.8	1.2	2	3	4	6	10	14	25	40	60	0.1	0.14	0.25	0.40	0.60	1.0	1.4
3	6	0.4	0.6	1	1.5	2.5	4	5	8	12	18	30	48	75	0.12	0.18	0.30	0.48	0.75	1.2	1.8
6	10	0.4	0.6	1	1.5	2.5	4	6	9	15	22	36	58	90	0.15	0.22	0.36	0.58	0.90	1.5	2.2
10	18	0.5	0.8	1.2	2	3	5	8	11	18	27	43	70	110	0.18	0.27	0.43	0.70	1.10	1.8	2.7
18	30	0.6	1	1.5	2.5	4	6	9	13	21	33	52	84	130	0.21	0.33	0.52	0.84	1.30	2.1	3.3
30	50	0.6	1	1.5	2.5	4	7	11	16	25	39	62	100	160	0.25	0.39	0.62	1.00	1.60	2.5	3.9
50	80	0.8	1.2	2	3	5	8	13	19	30	46	74	120	190	0.30	0.46	0.74	1.20	1.90	3.0	4.6
80	120	1	1.5	2.5	4	6	10	15	22	35	54	87	140	220	0.35	0.54	0.87	1.40	2.20	3.5	5.4
120	180	1.2	2	3.5	5	8	12	18	25	40	63	100	160	250	0.4	0.63	1.00	1.60	2.50	4.0	6.3
180	250	2	3	4.5	7	10	14	20	29	46	72	115	185	290	0.46	0.72	1.15	1.85	2.90	4.6	7.2
250	315	2.5	4	6	8	12	16	23	32	52	81	130	210	320	0.52	0.81	1.30	2.10	3.20	5.2	8.1
315	400	3	5	7	9	13	18	25	36	57	89	140	230	360	0.57	0.89	1.40	2.30	3.60	5.7	8.9
400	500	4	6	8	10	15	20	27	40	63	97	155	250	400	0.63	0.97	1.55	2.50	4.00	6.3	9.7
500	630	4.5	6	9	11	16	22	30	44	70	110	175	280	440	0.7	1.10	1.75	2.80	4.40	7.0	11.0
630	800	5	7	10	13	18	25	35	50	80	125	200	320	500	0.8	1.25	2.00	3.20	5.00	8.0	12.5
800	1000	5.5	8	11	15	21	29	40	56	90	140	230	360	560	0.9	1.40	2.30	3.60	5.60	9.0	14.0
1000	1250	6.5	9	13	18	24	34	46	66	105	165	260	420	660	1.05	1.65	2.60	4.20	6.60	10.5	16.5
1250	1600	8	11	15	21	29	40	54	78	125	195	310	500	780	1.25	1.95	3.10	5.60	7.80	12.5	19.5
1600	2000	9	13	18	25	35	48	65	92	150	230	370	600	920	1.50	2.30	3.70	6.00	9.20	15.0	23.0
2000	2500	11	15	22	30	41	57	77	110	175	280	440	700	1100	1.75	2.80	4.40	7.00	11.00	17.5	28.0
2500	3150	13	18	26	36	50	69	93	135	210	330	540	860	1350	2.10	3.30	5.40	8.60	13.50	21.0	33.0

注：基本尺寸小于 1mm 时，无 IT14 至 IT18。

（二）平面度、直线度公差值

表 4-18　平面度、直线度公差值

主参数 L /mm	精度等级											
	1	2	3	4	5	6	7	8	9	10	11	12
	公差/μm											
≤10	0.2	0.4	0.8	1.2	2	3	5	8	12	20	30	60
>10~16	0.25	0.5	1	1.5	2.5	4	6	10	15	25	40	80
>16~25	0.3	0.6	1.2	2	3	5	8	12	20	30	50	100
>25~40	0.4	0.8	1.5	2.5	4	6	10	15	25	40	60	120
>40~63	0.5	1	2	3	5	8	12	20	30	50	80	150
>63~100	0.6	1.2	2.5	4	6	10	15	25	40	60	100	200
>100~160	0.8	1.5	3	5	8	12	20	30	50	80	120	250
>160~250	1	2	4	6	10	15	25	40	60	100	150	300
>250~400	1.2	2.5	5	8	12	20	30	50	80	120	200	400
>400~630	1.5	3	6	10	15	25	40	60	100	150	250	500
>630~1000	2	4	8	12	20	30	50	80	120	200	300	600
>1000~1600	2.5	5	10	15	25	40	60	100	150	250	400	800
>1600~2500	3	6	12	20	30	50	80	120	200	300	500	1000
>2500~4000	4	8	15	25	40	60	100	150	250	400	600	1200
>4000~6300	5	10	20	30	50	80	120	200	300	500	800	1500
>6300~10000	6	12	25	40	60	100	150	250	400	600	1000	2000

（三）圆度、圆柱度公差值

表 4-19　圆度、圆柱度公差值

主参数 d(D) /mm	精度等级											
	1	2	3	4	5	6	7	8	9	10	11	12
	公差/μm											
≤3	0.2	0.3	0.5	0.8	1.2	2	3	4	6	10	14	25
>3~6	0.2	0.4	0.6	1	1.5	2.5	4	5	8	12	18	30
>6~10	0.25	0.4	0.6	1	1.5	2.5	4	6	9	15	22	36
>10~18	0.25	0.5	0.8	1.2	2	3	5	8	11	18	27	43
>18~30	0.3	0.6	1	1.5	2.5	4	6	9	13	21	33	52
>30~50	0.4	0.6	1	1.5	2.5	4	7	11	16	25	39	62
>50~80	0.5	0.8	1.2	2	3	5	8	13	19	30	46	74
>80~120	0.6	1	1.5	2.5	4	6	10	15	22	35	54	87
>120~180	1	1.2	2	3.5	5	8	12	18	25	40	63	100
>180~250	1.2	2	3	4.5	7	10	14	20	29	46	72	115
>250~315	1.6	2.5	4	6	8	12	16	23	32	52	81	130
>315~400	2	3	5	7	9	13	18	25	36	57	89	140
>400~500	2.5	4	6	8	10	15	20	27	40	63	97	155

（四）平行度、垂直度、倾斜度公差值

表 4-20　平行度、垂直度、倾斜度公差值

主参数 L /mm	精度等级											
	1	2	3	4	5	6	7	8	9	10	11	12
	公差/μm											
≤10	0.4	0.8	1.5	3	5	8	12	20	30	50	80	120
>10~16	0.5	1	2	4	6	10	15	25	40	60	100	150
>16~25	0.6	1.2	2.5	5	8	12	20	30	50	80	120	200
>25~40	0.8	1.5	3	6	10	15	25	40	60	100	150	250
>40~63	1	2	4	8	12	20	30	50	80	120	200	300
>63~100	1.2	2.5	5	10	15	25	40	60	100	150	250	400
>100~160	1.5	3	6	12	20	30	50	80	120	200	300	500
>160~250	2	4	8	15	25	40	60	100	150	250	400	600
>250~400	2.5	5	10	20	30	50	80	120	200	300	500	800
>400~630	3	6	12	25	40	60	100	150	250	400	600	1000
>630~1000	4	8	15	30	50	80	120	200	300	500	800	1200
>1000~1600	5	10	20	40	60	100	150	250	400	600	1000	1500
>1600~2500	6	12	25	50	80	120	200	300	500	800	1200	2000
>2500~4000	8	15	30	60	100	150	250	400	600	1000	1500	2500
>4000~6300	10	20	40	80	120	200	300	500	800	1200	2000	3000
>6300~10000	12	25	50	100	150	250	400	600	1000	1500	2500	4000

（五）同轴度、对称度、圆跳动、全跳动公差值

表 4-21　同轴度、对称度、圆跳动、全跳动公差值

主参数 d(D)、B、L /mm	精度等级											
	1	2	3	4	5	6	7	8	9	10	11	12
	公差/μm											
≤1	0.4	0.6	1	1.5	2.5	4	6	10	15	25	40	60
>1~3	0.4	0.6	1	1.5	2.5	4	6	10	20	40	60	120
>3~6	0.5	0.8	1.2	2	3	5	8	12	25	50	80	150
>6~10	0.6	1	1.5	2.5	4	6	10	15	30	60	100	200
>10~18	0.8	1.2	2	3	5	8	12	20	40	80	120	250
>18~30	1	1.5	2.5	4	6	10	15	25	50	100	150	300
>30~50	1.2	2	3	5	8	12	20	30	60	120	200	400
>50~120	1.5	2.5	4	6	10	15	25	40	80	150	250	500
>120~250	2	3	5	8	12	20	30	50	100	200	300	600
>250~500	2.5	4	6	10	15	25	40	60	120	250	400	800
>500~800	3	5	8	12	20	30	50	80	150	300	500	1000
>800~1250	4	6	10	15	25	40	60	100	200	400	600	1200

主参数 $d(D)$、B、L /mm	精 度 等 级											
	1	2	3	4	5	6	7	8	9	10	11	12
	公差/μm											
>1250~2000	5	8	12	20	30	50	80	120	250	500	800	1500
>2000~3150	6	10	15	25	40	60	100	150	300	600	1000	2000
>3150~5000	8	12	20	30	50	80	120	200	400	800	1200	2500
>5000~8000	10	15	25	40	60	100	150	250	500	1000	1500	3000
>8000~10000	12	20	30	50	80	120	200	300	600	1200	2000	4000

第二节　机械加工工序间的加工余量及偏差

一、轴的加工余量及偏差

（一）粗车及半精车外圆加工余量及偏差

表 4-22　粗车及半精车外圆加工余量及偏差　　　　　　　　mm

零件基本尺寸	直径余量						直径偏差	
	经过或未经过热 处理零件的粗车		半精车				荒车 (h14)	粗车 (h12~h13)
			未经过热处理		经过热处理			
	折算长度							
	≤200	200~400	≤200	200~400	≤200	200~400		
3~6	—	—	0.5	—	0.8	—	−0.30	−0.12~−0.18
>6~10	1.5	1.7	0.8	1.0	1.0	1.3	−0.36	−0.15~−0.22
>10~18	1.5	1.7	1.0	1.3	1.3	1.5	−0.43	−0.18~−0.27
>18~30	2.0	2.2	1.3	1.3	1.3	1.5	−0.52	−0.21~−0.33
>30~50	2.0	2.2	1.4	1.5	1.5	1.9	−0.62	−0.25~−0.39
>50~80	2.3	2.5	1.5	1.8	1.8	2.0	−0.74	−0.30~−0.45
>80~120	2.5	2.8	1.5	1.8	1.8	2.0	−0.87	−0.35~−0.54
>120~180	2.5	2.8	1.8	2.0	2.0	2.3	−1.00	−0.40~−0.63
>180~250	2.8	3.0	2.0	2.3	2.3	2.5	−1.15	−0.46~−0.72
>250~315	3.0	3.3	2.0	2.3	2.3	2.5	−1.30	−0.52~−0.81

注：加工带凸台的零件时，其加工余量要根据零件的最大直径来确定。

（二）半精车后磨外圆加工余量及偏差

表 4-23　半精车后磨外圆加工余量及偏差

零件基本尺寸	直径余量										直径偏差	
	第一种		第二种				第三种				第一种磨削前半精车或第三种粗磨（h10~h11）	第二种粗磨（h8~h9）
	经过或未经过热处理零件的终磨		热处理				热处理前粗磨		热处理后半精磨			
			粗磨		半精磨							
	折算长度											
	≤200	200~400	≤200	200~400	≤200	200~400	≤200	200~400	≤200	200~400		
3~6	0.15	0.20	0.10	0.12	0.05	0.08	—	—	—	—	−0.048~−0.075	−0.018~−0.030
>6~10	0.20	0.30	0.12	0.05	0.08	0.10	0.12	0.20	0.20	0.30	−0.058~−0.090	−0.022~−0.036
>10~18	0.20	0.30	0.12	0.20	0.08	0.10	0.12	0.20	0.20	0.30	−0.070~−0.110	−0.027~−0.043
>18~30	0.20	0.30	0.12	0.20	0.08	0.10	0.12	0.20	0.20	0.30	−0.084~−0.130	−0.033~−0.052
>30~50	0.30	0.40	0.20	0.25	0.10	0.15	0.20	0.25	0.30	0.40	−0.100~−0.160	−0.039~−0.062
>50~80	0.40	0.50	0.25	0.30	0.15	0.20	0.25	0.30	0.40	0.50	−0.120~−0.190	−0.064~−0.074
>80~120	0.40	0.50	0.25	0.30	0.15	0.20	0.25	0.30	0.40	0.50	−0.140~−0.220	−0.054~−0.087
>120~180	0.50	0.80	0.30	0.50	0.20	0.30	0.30	0.50	0.50	0.80	−0.160~−0.250	−0.063~−0.100
>180~250	0.50	0.80	0.30	0.50	0.20	0.30	0.30	0.50	0.50	0.80	−0.185~−0.290	−0.072~−0.115
>250~315	0.50	0.80	0.30	0.50	0.20	0.30	0.30	0.50	0.50	0.80	−0.210~−0.320	−0.081~−0.130

（三）研磨外圆加工余量

表 4-24　研磨外圆加工余量　　　　　　　　　　mm

零件基本尺寸	直径余量	零件基本尺寸	直径余量
≤10	0.005~0.008	>50~80	0.008~0.012
>10~18	0.006~0.009	>80~120	0.010~0.014
>18~30	0.007~0.010	>120~180	0.012~0.016
>30~50	0.008~0.011	>180~250	0.015~0.020

注：经过精磨的零件，其手工研磨余量为 $3~8\mu m$，机械研磨余量为 $8~15\mu m$。

（四）抛光外圆加工余量

表 4-25　抛光外圆加工余量　　　　　　　　　　mm

零件基本尺寸	≤100	>100~200	>200~700	>700
直径余量	0.1	0.3	0.4	0.5

注：抛光前的公差等级为 IT7 级。

（五）超精加工余量

表 4-26　超精加工余量

上工序表面粗糙度 $Ra/\mu m$	直径余量/mm
0.63～1.25	0.01～0.02
0.16～0.63	0.003～0.01

二、端面的加工余量及偏差

（一）粗车端面后，正火调质的加工余量

表 4-27　粗车端面后，正火调质的加工余量　　　　　　　　　　mm

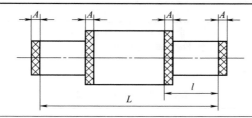

零件直径 d	零件全长 L					
	≤18	>18～50	>50～120	>120～260	>260～500	>500
	余量 A					
≤30	0.8	1.0	1.4	1.6	2.0	2.4
>30～50	1.0	1.2	1.4	1.6	2.0	2.4
>50～120	1.2	1.4	1.6	2.0	2.4	2.4
>120～260	1.4	1.6	2.0	2.0	2.4	2.8
>260	1.6	1.8	2.0	2.0	2.8	3.0
长度偏差	0.18	0.21～0.25	0.30～0.35	0.40～0.46	0.52～0.63	0.70～1.50

注：1. 对粗车不需正火调质的零件，其端面余量按上表 1/2～1/3 选用。

2. 对薄型工件，如齿轮、垫圈等，按上表余量加 50%～100%。

（二）精车端面的加工余量

表 4-28　精车端面的加工余量　　　　　　　　　　mm

零件直径 d	零件全长 L					
	≤18	>18～50	>50～120	>120～260	>260～500	>500
	余量 A					
≤30	0.4	0.5	0.7	0.8	1.0	1.2
>30～50	0.5	0.6	0.7	0.8	1.0	1.2
>50～120	0.6	0.7	0.8	1.0	1.2	1.2
>120～260	0.7	0.8	1.0	1.0	1.2	1.4
>260～500	0	1.0	1.2	1.2	1.4	1.5
>500	1.2	1.2	1.4	1.4	1.5	1.7
长度偏差	-0.2	-0.3	-0.4	-0.5	-0.6	-0.8

注：1. 加工有台阶的轴时，每个台阶的加工余量应根据该台阶的直径 d 及零件的全长分别选用。

2. 表中的公差系指尺寸 L 的公差。当原公差大于该公差时，尺寸公差为原公差数值。

（三）精车端面后，经淬火的端面磨削加工余量

表 4-29　精车端面后，经淬火的端面磨削加工余量　　　　　　　　mm

零件直径 d	零件全长 L					
	≤18	>18～50	>50～120	>120～260	>260～500	>500
	余量 A					
≤30	0.1	0.1	0.1	0.15	0.15	0.20
>30～50	0.15	0.15	0.15	0.15	0.20	0.25
>50～120	0.20	0.20	0.20	0.25	0.25	0.30
>120～260	0.25	0.25	0.25	0.30	0.30	0.35
>260	0.25	0.25	0.25	0.30	0.30	0.40
长度偏差	0.06～0.13	0.13～0.16	0.19～0.22	0.25～0.29	0.32～0.40	0.44～1.10

注：1. 加工有台阶的轴时，每个台阶的加工余量应根据其直径 d 及零件全长 L 分别选用。

2. 在加工过程中一次精磨至尺寸时，其余量按上表减半选用。

（四）磨端面的加工余量

表 4-30　磨端面的加工余量　　　　　　　　mm

零件直径 d	零件全长 L					
	≤18	>18～50	>50～120	>120～260	>260～500	>500
	余量 A					
≤30	0.2	0.3	0.3	0.4	0.5	0.6
>30～50	0.3	0.3	0.4	0.4	0.5	0.6
>50～120	0.3	0.3	0.4	0.5	0.6	0.6
>120～200	0.4	0.4	0.5	0.5	0.6	0.7
>200～500	0.5	0.5	0.5	0.6	0.7	0.7
>500	0.6	0.6	0.6	0.7	0.8	0.8
长度偏差	-0.12	-0.17	-0.23	-0.30	-0.40	-0.50

注：1. 加工有台阶的轴时，每个台阶的加工余量应根据该台阶直径 d 及零件全长 L 分别选用。

2. 表中的公差系指尺寸 L 的公差。当原公差大于该公差时，尺寸公差为原公差值。

3. 加工套类零件时，余量值可适当增加。

三、槽的加工余量及公差

表 4-31　槽的加工余量及公差　　　　　　　　mm

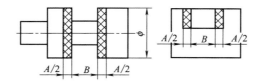

工序	精车（铣、刨）槽				精车（铣、刨）后，磨槽			
槽宽 B	<10	<18	<30	<50	<10	<18	<30	<50
加工余量 A	1	1.5	2	3	0.30	0.35	0.40	0.45
公差	0.20	0.20	0.30	0.30	0.10	0.10	0.15	0.15

注：1. 靠磨槽适当减小加工余量，一般加工余量留 0.10～0.20mm。

2. 本表适用于槽长小于 80mm，槽深小于 60mm 的槽。

四、孔的加工余量

（一）基孔制 7 级公差等级（H7）孔的加工余量

表 4-32　基孔制 7 级公差等级（H7）孔的加工余量　　　　　mm

零件基本尺寸	直径					
	钻		用车刀镗 以后	扩孔钻	粗铰	精铰
	第一次	第二次				
3	2.9	—	—	—	—	3H7
4	3.9	—	—	—	—	4H7
5	4.8	—	—	—	—	5H7
6	5.8	—	—	—	—	6H7
8	7.8	—	—	—	7.96	8H7
10	9.8	—	—	—	9.96	10H7
12	11.0	—	—	11.85	11.95	12H7
13	12.0	—	—	12.85	12.95	13H7
14	13.0	—	—	13.85	13.95	14H7
15	14.0	—	—	14.85	14.95	15H7
16	15.0	—	—	15.85	15.95	16H7
18	17.0	—	—	17.85	17.94	18H7
20	18.0	—	19.8	19.8	19.94	20H7
22	20.0	—	21.8	21.8	21.94	22H7
24	22.0	—	23.8	23.8	23.94	24H7
25	23.0	—	24.8	24.8	24.94	25H7
26	24.0	—	25.8	25.8	25.94	26H7
28	26.0	—	27.8	27.8	27.94	28H7
30	15.0	28.0	29.8	29.8	29.93	30H7
32	15.0	30.0	31.7	31.75	31.93	32H7
35	20.0	33.0	34.7	34.75	34.93	35H7
38	20.0	36.0	37.7	37.75	37.93	38H7
40	25.0	38.0	39.7	39.75	39.93	40H7
42	25.0	40.0	41.7	41.75	41.93	42H7
45	25.0	43.0	44.7	44.75	44.93	45H7

零件基本尺寸	直径					
	钻		用车刀镗以后	扩孔钻	粗铰	精铰
	第一次	第二次				
48	25.0	46.0	47.7	47.75	47.93	48H7
50	25.0	48.0	49.7	49.75	49.93	50H7
60	30.0	55.0	59.5	59.75	59.9	60H7
70	30.0	65.0	69.5	69.75	69.9	70H7
80	30.0	75.0	79.5	79.75	79.9	80H7
90	30.0	80.0	89.3	—	89.9	90H7
100	30.0	80.0	99.3	—	99.8	100H7
120	30.0	80.0	119.3	—	119.8	120H7
140	30.0	80.0	139.3	—	139.8	140H7
160	30.0	80.0	159.3	—	159.8	160H7
180	30.0	80.0	179.3	—	179.8	180H7

注：1. 在铸铁件上加工直径小于 15mm 的孔时，不用扩孔钻和镗孔。

2. 在铸铁件上加工直径为 30mm 与 32mm 的孔时，仅直径为 28mm 与 30mm 的钻头各钻一次。

3. 如仅用一次铰孔，则铰孔的加工余量为本表中粗铰与精铰的加工余量之和。

4. 钻头直径大于 75mm 时采用环孔钻。

（二）基孔制 8 级公差等级（H8）孔的加工余量

表 4-33　基孔制 8 级公差等级（H8）孔的加工余量　　　　　　　mm

零件基本尺寸	直径					零件基本尺寸	直径				
	钻		用车刀镗以后	扩孔钻	铰		钻		用车刀镗以后	扩孔钻	铰
	第一次	第二次					第一次	第二次			
3	2.9	—	—	—	3H8	30	15.0	28.0	29.8	29.8	30H8
4	3.9	—	—	—	4H8	32	15.0	30.0	31.7	31.75	32H8
5	4.8	—	—	—	5H8	35	20.0	33.0	34.7	34.75	35H8
6	5.8	—	—	—	6H8	38	20.0	36.0	37.7	37.75	38H8
8	7.8	—	—	—	8H8	40	25.0	38.0	39.7	39.75	40H8
10	9.8	—	—	—	10H8	42	25.0	40.0	41.7	41.75	42H8
12	11.8	—	—	—	12H8	45	25.0	43.0	44.7	44.75	45H8
13	12.8	—	—	—	13H8	48	25.0	46.0	47.7	47.75	48H8
14	13.8	—	—	—	14H8	50	25.0	48.0	49.7	49.75	50H8
15	14.8	—	—	—	15H8	60	30.0	55.0	59.5	—	60H8
16	15.0	—	—	15.85	16H8	70	30.0	65.0	69.5	—	70H8
18	17.0	—	—	17.85	18H8	80	30.0	75.0	79.5	—	80H8
20	18.0	—	19.8	19.8	20H8	90	30.0	80.0	89.3	—	90H8
22	20.0	—	21.8	21.8	22H8	100	30.0	80.0	99.3	—	100H8
24	22.0	—	23.8	23.8	24H8	120	30.0	80.0	119.3	—	120H8
25	23.0	—	24.8	24.8	25H8	140	30.0	80.0	139.3	—	140H8
26	24.0	—	25.8	25.8	26H8	160	30.0	80.0	159.3	—	160H8
28	26.0	—	27.8	27.8	28H8	180	30.0	80.0	179.3	—	180H8

注：1. 在铸铁上加工直径为 30mm 与 32mm 的孔时，仅直径为 28mm 与 30mm 的钻头各钻一次。

2. 钻头直径大于 75mm 时采用环孔钻。

五、研磨孔的加工余量

表 4-34　研磨孔的加工余量　　　　　　　　　　　　　　mm

零件基本尺寸	铸铁	钢	零件基本尺寸	铸铁	钢
≤25	0.010～0.020	0.005～0.015	＞125～300	0.080～0.160	0.020～0.050
＞25～125	0.020～0.100	0.010～0.040	＞300～500	0.120～0.200	0.040～0.060

注：经过精磨的零件，手工研磨余量为 0.005～0.010mm。

六、平面的加工余量

（一）平面第一次粗加工余量

表 4-35　平面第一次粗加工余量　　　　　　　　　　　　mm

平面最大尺寸	毛坯制造方法					
	铸件			热冲压	冷冲压	锻造
	灰铸铁	青铜	可锻铸铁			
≤50	1.0～1.5	1.0～1.3	0.8～1.0	0.8～1.1	0.6～0.8	1.0～1.4
＞50～120	1.5～2.0	1.3～1.7	1.0～1.4	1.3～1.8	0.8～1.1	1.4～1.8
＞120～260	2.0～2.7	1.7～2.2	1.4～1.8	1.5～1.8	1.0～1.4	1.5～2.5
＞260～500	2.7～3.5	2.2～3.0	2.0～2.5	1.8～2.2	1.3～1.8	2.2～3.0
＞500	4.0～6.0	3.5～4.5	3.0～4.0	2.4～3.0	2.0～2.6	3.5～4.5

（二）平面粗刨后精铣加工余量

表 4-36　平面粗刨后精铣加工余量　　　　　　　　　　　mm

平面长度	平面宽度		
	≤100	100～200	＞200
≤100	0.6～0.7	—	—
＞100～250	0.6～0.8	0.7～0.9	—
＞250～500	0.7～1.0	0.75～1.0	0.8～1.1
＞500	0.8～1.0	0.9～1.2	0.9～1.2

（三）铣平面加工余量

表 4-37　铣平面的加工余量　　　　　　　　　　　　　mm

零件厚度	荒铣后粗铣						粗铣后半精铣					
	宽度≤200			200＜宽度＜400			宽度≤200			200＜宽度＜400		
	平 面 长 度											
	≤100	＞100～250	＞250～400	≤100	＞100～250	＞250～400	≤100	＞100～250	＞250～400	≤100	＞100～250	＞250～400
6～30	1.0	1.2	1.5	1.2	1.5	1.7	0.7	1.0	1.0	1.0	1.0	1.0
＞30～50	1.0	1.5	1.7	1.5	1.5	2.0	1.0	1.0	1.2	1.0	1.2	1.2
＞50	1.5	1.7	2.0	1.7	2.0	2.5	1.0	1.3	1.5	1.3	1.5	1.5

(四) 磨平面加工余量

表 4-38　磨平面的加工余量　　　　　　　　　　　　mm

零件厚度	第一种 经过热处理或未经过热处理零件的终磨						第二种 热处理后											
	宽度≤200			200<宽度<400			粗磨						半精磨					
							宽度≤200			200<宽度<400			宽度≤200			200<宽度<400		
	平面长度																	
	≤100	>100~250	>250~400	≤100	>100~250	>250~400	≤100	>100~250	>250~400	≤100	>100~250	>250~400	≤100	>100~250	>250~400	≤100	>100~250	>250~400
6~30	0.3	0.3	0.5	0.3	0.5	0.5	0.2	0.2	0.3	0.2	0.3	0.3	0.1	0.1	0.2	0.1	0.2	0.2
>30~50	0.5	0.5	0.5	0.5	0.5	0.5	0.3	0.3	0.3	0.3	0.3	0.3	0.2	0.2	0.2	0.2	0.2	0.2
>50	0.5	0.5	0.5	0.5	0.5	0.5	0.3	0.3	0.3	0.3	0.3	0.3	0.2	0.2	0.2	0.2	0.2	0.2

(五) 凹槽加工的加工余量及偏差

表 4-39　凹槽加工的加工余量及偏差　　　　　　　　　　　　mm

凹槽尺寸			宽度余量		宽度偏差	
长	深	宽	粗铣后半精铣	半精铣后磨	粗铣(IT12~IT13)	半精铣(IT11)
≤80	≤60	3~6	1.5	0.5	+0.12~+0.18	+0.075
		>6~10	2.0	0.7	+0.15~+0.22	+0.09
		>10~18	3.0	1.0	+0.18~+0.27	+0.11
		>18~30	3.0	1.0	+0.21~+0.33	+0.13
		>30~50	3.0	1.0	+0.25~+0.39	+0.16
		>50~80	4.0	1.0	+0.30~+0.46	+0.19
		>80~120	4.0	1.0	+0.35~+0.54	+0.22

注：1. 半精铣后磨凹槽的加工余量适用于半精铣后经过热处理和未经过热处理的零件。

2. 宽度余量指双面余量（即每面余量是表中所列数值的1/2）。

(六) 研磨平面的加工余量

表 4-40　研磨平面的加工余量　　　　　　　　　　　　mm

平面长度	平面宽度		
	≤25	>25~75	>75~150
≤25	0.005~0.007	0.007~0.010	0.010~0.014
>25~75	0.007~0.010	0.010~0.014	0.014~0.020
>75~150	0.010~0.014	0.014~0.020	0.020~0.024
>150~260	0.014~0.018	0.020~0.024	0.024~0.030

注：经过精磨的零件，手工研磨余量为每面0.003~0.005mm；机械研磨余量为每面0.005~0.010mm。

七、切除渗碳层的加工余量

表 4-41　切除渗碳层的加工余量　　　　　　　　　　　　　　　　mm

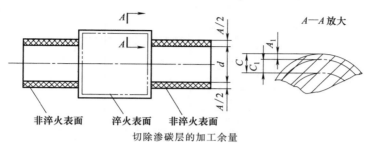

切除渗碳层的加工余量

d—直径尺寸；A—加工余量；C—渗碳层深度；

C_1—图样要求的渗碳层最大深度；A_1—淬火后磨削量

淬火层深度 C	表面性质	尺寸范围 d							
		≤30	>30~50	>50~80	>80~120	>120~180	>180~260	>260~360	>360~500
		余量 A							
0.4~0.6	内、外圆	1.8	2.0	2.0	2.2	2.2	—	—	—
	端面、平面	1.2	1.2	1.4	1.4	1.6			
>0.6~0.8	内、外圆	2.4	2.4	2.6	2.6	3.0	3.0		
	端面、平面	1.4	1.4	1.8	1.8	2.0	2.0		
>0.8~1.1	内、外圆	3.0	3.2	3.2	3.6	3.8	3.8	4.0	—
	端面、平面	1.8	1.8	1.8	2.0	2.2	2.4	2.4	
>1.1~1.4	内、外圆	3.8	3.8	4.2	4.2	4.4	4.4	4.8	4.8
	端面、平面	2.2	2.2	2.2	2.4	2.4	2.4	2.8	2.8
>1.4~1.8	内、外圆	4.8	4.8	5.0	5.0	5.4	5.4	5.8	5.8
	端面、平面	2.6	2.6	2.6	3.0	3.0	3.0	3.2	3.2
尺寸公差		0.21	0.25	0.30	0.35	0.40	0.46	0.57	0.63

注：1. 选择余量时，根据零件要求的渗碳层深 C_1 加上该渗碳表面淬火后的磨削量 A_1 作为本表中的渗碳层深度 C。

2. 非淬火表面在渗碳前需将表面按本表数值加厚，在渗碳后去除该层金属再进行淬火。

3. 表中数据仅为切除渗碳层的单工序余量，适用于内、外圆，端面及平面。其中，内、外圆为直径余量；端面和平面为单面余量。

第三节　攻螺纹前底孔直径和套螺纹前圆杆直径尺寸的确定

一、普通螺纹钻底孔用钻头的直径尺寸

表 4-42　普通螺纹钻底孔用钻头的直径尺寸　　　　　　　　　　　mm

公称直径 d	螺距 P		钻头直径 D_0	公称直径 d	螺距 P		钻头直径 D_0
1	粗	0.25	0.75	2	粗	0.4	1.6
	细	0.2	0.8		细	0.25	1.75

公称直径 d	螺距 P		钻头直径 D_0	公称直径 d	螺距 P		钻头直径 D_0
3	粗	0.5	2.5	27	粗	3	23.9
	细	0.35	2.65		细	2	24.9
4	粗	0.7	3.3			1.5	25.5
	细	0.5	3.5			1	26
5	粗	0.8	4.2	30	粗	3.5	26.3
	细	0.5	4.5		细	3	26.9
6	粗	1	5			2	27.9
	细	0.75	5.2			1.5	28.5
8	粗	1.25	6.7			1	29
	细	1	7	33	粗	3.5	29.3
		0.75	7.2		细	3	29.9
10	粗	1.5	8.5			2	30.9
	细	1.25	8.7			1.5	31.5
		1	9	36	粗	4	31.8
		0.75	9.2		细	3	32.9
12	粗	1.75	10.2			2	33.9
	细	1.5	10.5			1.5	34.5
		1.25	10.7	39	粗	4	34.8
		1	11		细	3	35.9
14	粗	2	11.9			2	36.9
	细	1.5	12.5			1.5	37.5
		1.25	12.7	42	粗	4.5	37.3
		1	13		细	4	37.8
16	粗	2	13.9			3	38.9
	细	1.5	14.5			2	39.9
		1	15			1.5	40.5
18	粗	2.5	15.4	45	粗	4.5	40.3
	细	2	15.9		细	4	40.8
		1.5	16.5			3	41.9
		1	17			2	42.9
20	粗	2.5	17.4			1.5	43.5
	细	2	17.9	48	粗	5	42.7
		1.5	18.5		细	4	43.8
		1	19			3	44.9
22	粗	2.5	19.4			2	45.9
	细	2	19.9			1.5	46.5
		1.5	20.5	52	粗	5	46.7
		1	21		细	4	47.8
24	粗	3	20.9			3	48.9
	细	2	21.9			2	49.9
		1.5	22.5			1.5	50.5
		1	23				

计算公式：$P<1$mm 时，$D_0=d-P$；$P>1$mm 时，$D_0=d-(1\sim1.1)P$

P——螺距，mm；D_0——攻螺纹前钻头直径，mm；d——螺纹公称直径，mm。

二、英制螺纹钻底孔用钻头的直径尺寸

表 4-43　英制螺纹钻底孔用钻头的直径尺寸　　　　　　　　　　　　　　　mm

公称直径/in	每英寸牙数	钻头直径/mm		公称直径/in	每英寸牙数	钻头直径/mm	
		铸铁、青铜	钢、黄铜			铸铁、青铜	钢、黄铜
3/16	24	3.7	3.7	7/8	9	19.1	19.3
1/4	20	5.0	5.1	1	8	21.9	22.0
5/16	18	6.4	6.5	11/8	7	24.6	24.7
3/8	16	7.8	7.9	11/4	7	27.8	27.9
7/16	14	9.1	9.3	11/2	6	33.4	33.5
1/2	12	10.4	10.5	15/8	5	35.7	35.8
9/16	12	12.0	12.1	13/4	5	38.9	39.0
5/8	11	13.3	13.5	17/8	4　1/2	41.4	41.5
3/4	10	16.3	16.4	2	4　1/2	44.6	44.7

计算公式：

螺纹公称直径	铸铁与青铜	钢与黄铜
3/16～5/8in	$D_0 = 25(d - 1/n)$	$D_0 = 25(d - 1/n)$
3/4～11/2in	$D_0 = 25(d - 1/n)$	$D_0 = 25(d - 1/n) + 0.2$

n——每英寸牙数；D_0——攻螺纹前钻头直径，mm；d——螺纹公称直径，mm。

三、圆柱管螺纹钻底孔用钻头的直径尺寸

表 4-44　圆柱管螺纹钻底孔用钻头的直径尺寸

螺纹尺寸代号	每英寸牙数	钻头直径/mm	螺纹尺寸代号	每英寸牙数	钻头直径/mm
1/8	28	8.8	1	11	30.5
1/4	19	11.7	1⅛	11	35.2
3/8	19	15.2	1¼	11	39.2
1/2	14	18.9	1⅜	11	41.6
5/8	14	20.8	1½	11	45.1
3/4	14	24.3	1¾	11	51.0
7/8	14	28.1	2	11	57.0

四、圆锥管螺纹钻底孔用钻头的直径尺寸

表 4-45　圆锥管螺纹钻底孔用钻头的直径尺寸

55°圆锥管螺纹			60°圆锥管螺纹		
螺纹尺寸代号	每英寸牙数	钻头直径/mm	螺纹尺寸代号	每英寸牙数	钻头直径/mm
1/8	28	8.4	1/8	27	8.6
1/4	19	11.2	1/4	18	11.1
3/8	19	14.7	3/8	18	14.5
1/2	14	18.3	1/2	14	17.9

55°圆锥管螺纹			60°圆锥管螺纹		
螺纹尺寸代号	每英寸牙数	钻头直径/mm	螺纹尺寸代号	每英寸牙数	钻头直径/mm
3/4	14	23.6	3/4	14	23.2
1	11	29.7	1	11½	29.2
1¼	11	38.3	1¼	11½	37.9
1½	11	44.1	1½	11½	43.9
2	11	55.8	2	11½	56.0

五、套螺纹前圆杆的直径尺寸

表 4-46 套螺纹前圆杆的直径尺寸

粗牙普通螺纹				英制螺纹			圆柱管螺纹		
螺纹直径 d	螺距 P	圆杆直径 D/mm		螺纹尺寸代号	圆杆直径 D/mm		螺纹尺寸代号	管子外径 D/mm	
		最小直径	最大直径		最小直径	最大直径		最小直径	最大直径
M6	1	5.8	5.9	1/4	5.9	6	1/8	9.4	9.5
M8	1.25	7.8	7.9	5/16	7.4	7.6	1/4	12.7	13.0
M10	1.50	9.75	9.85	3/8	9	9.2	3/8	16.2	16.5
M12	1.75	11.75	11.9	1/2	12.0	12.2	1/2	20.5	20.8
M14	2	13.7	13.85	—	—	—	5/8	22.5	22.8
M16	2	15.7	15.85	5/8	15.2	15.4	3/4	26.0	26.3
M18	2.5	17.7	17.85	—	—	—	7/8	29.8	30.1
M20	2.5	19.7	19.85	3/4	18.3	18.5	1	32.8	33.1
M22	2.5	21.7	21.85	7/8	21.4	21.6	1⅛	37.4	37.7
M24	3	23.65	23.8	1	24.5	24.8	1¼	41.4	41.7
M27	3	26.65	26.8	1¼	30.7	31.0	1⅜	43.8	44.1
M30	3.5	29.6	29.8	—	—	—	1½	47.3	47.6
M36	4	35.6	35.8	1½	37.0	37.3	—	—	—
M42	4.5	41.55	41.75	—	—	—	—	—	—
M48	5	47.5	47.7	—	—	—	—	—	—
M52	5	51.5	51.7	—	—	—	—	—	—
M60	5.5	59.45	59.7	—	—	—	—	—	—
M64	6	63.4	63.7	—	—	—	—	—	—
M68	6	67.7	67.7	—	—	—	—	—	—

第四节 《工艺规程格式》(JB/T 9165.2—1998)摘录

一、机械加工工艺过程卡(格式9)

表4-47 机械加工工艺过程卡

	机械加工工艺过程卡		产品型号		零件图号		共 页 第 页	
			产品名称		零件名称			

材料牌号		(1) 30	毛坯种类 15	(2) 30	毛坯外形尺寸 25	(3) 30	每毛坯可制件数 25	(4) 10	每台件数	(5) 10	备注	(6) 20

工序号	工序名称	工序内容		车间	工段	设备	工艺装备		工时	
									准终	单件
(7)	(8)	(9)		(10)	(11)				(12)	(13)
8	10			8	8	20	75		10	10

18×8(=144) 16 8

描 图					设计(日期)	审核(日期)	标准化(日期)	会签(日期)
描 校								
底图号								
装订号								
标记	处数	更改文件号	签字	日期	标记 处数 更改文件号 签字 日期			

注:机械加工工艺过程卡各空格的填写内容:(1)材料牌号按产品图样要求填写。(2)毛坯种类写铸件、锻件、条钢、板钢等。(3)进入加工前的毛坯外形尺寸。(4)每一毛坯可制零件数。(5)每台件数按产品图样要求填写。(6)备注可根据需要填写。(7)工序号。(8)各工序名称。(9)各工序和主要技术要求、工序中的外协作也要填写,但只写工序名称和主要技术要求,如热处理的硬度和变形要求、电镀层的厚度等。产品图样标有配作、配钻时,或根据新工艺需要装配时,应在配作前的最后工序前另起一行注明,如"××孔与××件装配时配作","××部位与××件装配后加工"等。(10)、(11)分别填写加工车间和工段的代号或简称。(12)、(13)分别填写准备与终结时间和单位时间定额。

095

二、机械加工工序卡（格式10）

表 4-48　机械加工工序卡

机械加工工序卡	产品型号		零件图号			共　页　第　页
	产品名称		零件名称			

车间 (1)	工序号 (2)	工序名称 (3)	材料牌号 (4)
毛坯种类 (5)	毛坯外形尺寸 (6)	每毛坯可制件数 (7)	每台件数 (8)
设备名称 (9)	设备型号 (10)	设备编号 (11)	同时加工件数 (12)
夹具编号 (13)	夹具名称 (14)		切削液 (15)
工位器具编号 (16)	工位器具名称 (17)		工序工时　准终 (18)　单件 (19)

工步号 (20)	工步内容 (21)	工艺设备 (22)	主轴转速 /(r/min) (23)	切削速度 /(m/min) (24)	进给量 /(mm/r) (25)	切削深度 /mm (26)	进给次数 (27)	工步工时 机动 (28)	辅助 (29)

	设计（日期）	审核（日期）	标准化（日期）	会签（日期）
标记　处数　更改文件号　签字　日期				
标记　处数　更改文件号　签字　日期				

描图
描校
底图号
装订号

注：机械加工工序卡各空格的填写内容：(1) 执行该工序的车间名称或代号；(2) ~ (8) 按格式 9 中的相应项目填写；(9) ~ (11) 该工序所用的设备；(12) 在机床上同时加工的件数；(13)、(14) 该工序需使用的各种夹具名称和编号；(15) 机床所用切削液的名称和牌号；(16)、(17) 该工序需使用的各种工位器具名称和编号；(18)、(19) 工序工时的准终、单件时间；(20) 该工序号；(21) 各工步的名称，加工内容和主要技术要求；(22) 各工步所需用的模辅具，刀具，量具；(23) ~ (27) 切削规范，一般工序可不填，重要工序或重要工步填写与本工序机动时间和辅助时间定额；(28)、(29) 分别填写本工步机动时间和辅助时间定额。

第五节 《机械加工定位、夹紧符号》
（JB/T 5061—2006）摘录

一、符号

由定位支承符号、辅助支承符号、夹紧符号、常用装置符号等组成机械加工的定位、夹紧符号。

（一）定位支承符号

表 4-49　定位支承符号

定位支承类型	符 号			
	独立定位		联合定位	
	标注在视图轮廓线上	标注在视图正面[①]	标注在视图轮廓线上	标注在视图正面[①]
固定式				
活动式				

① 视图正面是指观察者面对的投影面。

（二）辅助支承符号

表 4-50　辅助支承符号

独 立 支 承		联 合 支 承	
标注在视图轮廓线上	标注在视图正面	标注在视图轮廓线上	标注在视图正面

（三）夹紧符号

表 4-51　夹紧符号

夹紧动力源类型	符 号			
	独立夹紧		联合夹紧	
	标注在视图轮廓线上	标注在视图正面	标注在视图轮廓线上	标注在视图正面
手动夹紧				
液压夹紧				

夹紧动力源类型	符 号			
	独立夹紧		联合夹紧	
	标注在视图轮廓线上	标注在视图正面	标注在视图轮廓线上	标注在视图正面
气动夹紧	Q	Q	Q	Q
电磁夹紧	D	D	D	D

（四）常用装置符号

表 4-52　常用装置符号

序号	符 号	名称	简 图
1		固定顶尖	
2		内顶尖	
3		回转顶尖	
4		外拨顶尖	
5		内拨顶尖	
6		浮动顶尖	
7		伞形顶尖	
8		圆柱芯轴	
9		锥度芯轴	

序号	符 号	名 称	简 图
10		螺纹芯轴	（花键芯轴也用此符号）
11		弹性芯轴	（包括塑料芯轴）
		弹簧夹头	
12		三爪自定心卡盘	
13		四爪单动卡盘	
14		中心架	
15		跟刀架	
16		圆柱衬套	

序号	符　号	名称	简　图
17		螺纹衬套	
18		止口盘	
19		拨杆	
20		垫铁	
21		压板	
22		角铁	
23		可调支承	
24		平口钳	
25		中心堵	

序号	符 号	名 称	简 图
26		V形块	
27		软爪	

二、定位、夹紧符号和装置符号的标注示例

表 4-53　定位、夹紧符号和装置符号的标注示例

序号	说 明	定位、夹紧符号标注示意图	装置符号标注或与定位、夹紧符号 联合标注示意图
1	床头固定顶尖、床尾固定顶尖定位,拨杆夹紧		
2	床头固定顶尖、床尾浮动顶尖定位,拨杆夹紧		
3	床头内拨顶尖、床尾回转顶尖定位夹紧		
4	床头外拨顶尖、床尾回转顶尖定位夹紧		
5	床头弹簧夹头定位夹紧,夹头内带有轴向定位,床尾内顶尖定位		

序号	说　　　明	定位、夹紧符号标注示意图	装置符号标注或与定位、夹紧符号联合标注示意图
6	弹簧夹头定位夹紧		
7	液压弹簧夹头定位夹紧,夹头内带有轴向定位		
8	弹性芯轴定位夹紧		
9	气动弹性芯轴定位夹紧,带端面定位		
10	锥度芯轴定位夹紧		
11	圆柱芯轴定位夹紧,带端面定位		
12	三爪自定心卡盘定位夹紧		

序号	说 明	定位、夹紧符号标注示意图	装置符号标注或与定位、夹紧符号联合标注示意图
13	液压三爪自定心卡盘定位夹紧,带端面定位		
14	四爪单动卡盘定位夹紧,带轴向定位		
15	四爪单动卡盘定位夹紧,带端面定位		
16	床头固定顶尖、床尾浮动顶尖定位,中部有跟刀架辅助支承,拨杆夹紧(细长轴类零件)		
17	床头三爪自定心卡盘带轴向定位夹紧,床尾中心架支承定位		
18	止口盘定位,螺栓压板夹紧		
19	止口盘定位,气动压板联动夹紧		

序号	说　　明	定位、夹紧符号标注示意图	装置符号标注或与定位、夹紧符号联合标注示意图
20	螺纹芯轴定位夹紧		
21	圆柱衬套带有轴向定位,外用三爪自定心卡盘夹紧		
22	螺纹衬套定位,外用三爪自定心卡盘夹紧		
23	平口钳定位夹紧		
24	电磁盘定位夹紧		—
25	软爪三爪自定心卡盘定位夹紧		
26	床头伞形顶尖、床尾伞形顶尖定位,拨杆夹紧		
27	床头中心堵、床尾中心堵定位,拨杆夹紧		

序号	说 明	定位、夹紧符号标注示意图	装置符号标注或与定位、夹紧符号联合标注示意图
28	角铁、V形块及可调支承定位,下部加辅助可调支承,压板联动夹紧		
29	一端固定V形块,下平面垫铁定位,另一端可调V形块定位夹紧		

第六节 刀具的锥柄

一、7/24 螺旋拉紧锥柄

表 4-54 7/24 螺旋拉紧锥柄   mm

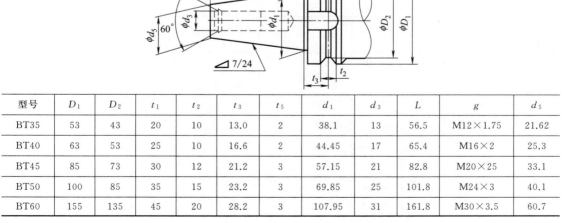

型号	D_1	D_2	t_1	t_2	t_3	t_5	d_1	d_3	L	g	d_5
BT35	53	43	20	10	13.0	2	38.1	13	56.5	M12×1.75	21.62
BT40	63	53	25	10	16.6	2	44.45	17	65.4	M16×2	25.3
BT45	85	73	30	12	21.2	3	57.15	21	82.8	M20×25	33.1
BT50	100	85	35	15	23.2	3	69.85	25	101.8	M24×3	40.1
BT60	155	135	45	20	28.2	3	107.95	31	161.8	M30×3.5	60.7

二、莫氏带扁尾刀柄

表 4-55　莫氏带扁尾刀柄　　　　　　　　　　　　　mm

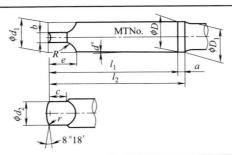

莫氏锥度号	D	a	D_1	d_1	d_2	l_1	l_2	b	c	e	R	r
0	9.045	3	9.201	6.104	6	56.5	59.5	3.9	6.5	10.5	4	1
1	12.065	3.5	12.240	8.972	83.7	62.0	65.5	5.2	8.5	13.5	5	1.2
2	17.780	5	18.030	14.034	13.5	75.0	80.0	6.3	10	16	6	1.6
3	23.825	5	24.076	19.107	18.5	94.0	99	7.6	13	20	7	2
4	31.267	6.5	31.605	25.164	24.5	117.5	124	11.9	16	24	8	2.5
5	44.399	6.5	44.741	36.531	35.7	149.5	156	15.9	19	29	10	3
6	63.348	8	63.765	52.399	51.0	210.0	218	19	27	40	13	4
7	83.058	10	83.578	68.185	66.8	286.0	296	28.6	35	54	19	5

三、莫氏带螺纹刀柄

表 4-56　莫氏带螺纹刀柄　　　　　　　　　　　　　mm

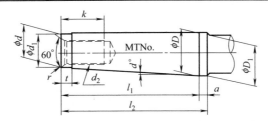

莫氏锥度号	D	a	D_1	d	d_1	l_1	l_2	t	r	d_2	k
0	9.045	3	9.201	6.442	6	50	53	4	0.2	—	—
1	12.065	3.5	12.240	9.396	9	53.5	7	5	0.2	M6	16
2	17.780	5	18.030	14.583	14	64	69	5	0.2	M10	24
3	23.825	5	24.076	19.759	19	81	86	7	0.6	M12	28
4	31.267	6.5	31.605	25.943	25	102.5	109	9	1.0	M16	32
5	44.399	6.5	44.741	37.584	35.7	129.5	136	9	2.5	M20	40
6	63.348	8	63.765	53.859	51	182	190	12	4.0	M24	50
7	83.058	10	83.578	70.052	65	250	260	18.5	5.0	M33	80

第七节　夹具设计部分元件资料

一、固定式定位销（JB/T 8014.2—1999）

表 4-57　固定式定位销（JB/T 8014.2—1999）　　　　　　　　　　　　mm

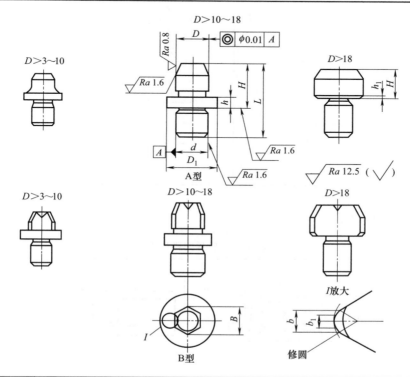

D	H	d		D_1	L	h	h_1	B	b	b_1
		基本尺寸	极限偏差 r_6							
>3~6	8	6	+0.023 +0.015	12	16	3		D−0.5	2	1
	14				22	7				
>6~8	10	8	+0.028 +0.019	14	20	3		D−1	3	2
	18				28	7				
>8~10	12	10		16	24	4	—			
	22				34	8				
>10~14	14	12		18	26	4				
	24				36	9				
>14~18	16	15	+0.034 +0.023	22	30	5		D−2	4	3
	26				40	10				
>18~20	12	12	—	—	26	—	1			
	18				32					
	28				42					

107

D	H	d 基本尺寸	d 极限偏差 r_6	D_1	L	h	h_1	B	b	b_1
>20~24	14	15	+0.034 +0.023	—	30	2	—	D−3	5	3
	22				38					
	32				48					
>24~30	16				36			D−4		
	25				45					
	34				54					
>30~40	18	18	+0.041 +0.028		42	3		D−5	6	4
	30				54					
	38				62					
>40~50	20	22			50				8	5
	35				65					
	45				75					

二、座耳主要尺寸

表 4-58　座耳主要尺寸　　　　　　　　　　　　　　　mm

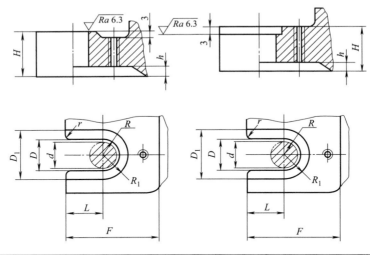

螺栓直径 d	D	D_1	R	R_1	L	H	F	r	h
8	10	20	5	10	16	28	28	1.5	4
10	12	24	6	12	18	32	35	1.5	
12	14	30	7	15	20	36	42	1.5	
16	18	38	9	19	25	46	56	2	6
20	22	44	11	22	28	54	70	2	
24	28	50	14	25	30	60	88	2	8
30	36	62	18	31	38	76	113	3	10

三、T形槽主要尺寸

表 4-59　T形槽主要尺寸　　　　　　　　　　　mm

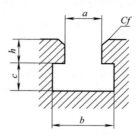

	a	10	12	14	(16)	18	(20)	22	(24)	28	(32)	36	42	48	54
b	基本尺寸	16	20	24	27	30	33	36	40	46	52	60	70	80	90
	允差	+1.5			+2					+3					
c	基本尺寸	7	9	11	12	14	15	16	18	20	22	25	28	34	38
	允差	+0.5			+1					+2					
h	最小	6	8	10	11	13	14	16	17	21	24	27	32	36	42
	最大	13	15	18	20	23	25	28	30	36	42	46	54	60	70
螺栓直径 d		8	10	12	(14)	16	(18)	20	(22)	24	(27)	30	36	42	48
f		1			1.5					2					

四、内六角头螺栓的相关连接尺寸

表 4-60　内六角头螺栓的相关连接尺寸　　　　　　mm

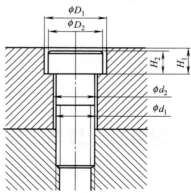

螺栓规格	M3	M4	M5	M6	M8	M10	M12	M14	M16	M18	M20	M22	M24	M27	M30
d_1	3	4	5	6	8	10	12	14	16	18	20	22	24	27	30
d_2	3.4	4.5	5.5	6.6	9	11	14	16	18	20	22	24	26	30	33
D_2	5.5	7	8.5	10	13	16	18	21	24	27	30	33	36	40	45
D_1	6.5	8	9.5	11	14	17.5	20	23	26	29	32	35	39	13	48
H_2	3	4	5	6	8	10	12	14	16	18	20	22	24	27	30
H_1	3.3	4.4	4	6.5	8.6	10.8	13	15.2	17.5	19.5	21.5	23.5	25.5	29	32

第八节　机械加工余量

机械加工余量由机械加工余量的分析计算法、毛坯机械加工余量的确定、工序余量的确定、工序尺寸及其偏差的确定 4 部分内容构成。可按照当前的工艺状态以及生产现场的技术、工艺装备等条件，参考表 4-61 实施。

表 4-61　机械加工余量

序号	要素	机械加工余量要素的子要素	参考书页码	备注
1	机械加工余量的分析计算法	机械加工余量的概念	463	机械加工工艺手册（李洪）
		影响机械加工余量的因素	464	
		计算机械加工余量的基本公式及其应用	465	
2	毛坯机械加工余量的确定	铸件机械加工余量	466	
		铸件尺寸公差及偏差	472	
		模锻件的机械加工余量及尺寸偏差	474	
		自由锻件的机械加工余量及尺寸偏差	480	
		轧制件轴类零件的机械加工余量	489	
		钢冲压件的机械加工余量及尺寸偏差	491	
		气割毛坯的机械加工余量及尺寸偏差	491	
3	工序余量的确定	轴加工的工序余量	492	
		孔加工的工序余量	494	
		平面加工的工序余量	497	
		齿轮精加工余量	498	
		花键精加工余量	499	
		热处理余量	499	
		攻螺纹及装配前的钻孔直径	501	
4	工序尺寸及其偏差的确定		504	

第九节　切削用量计算与工时定额计算

一、切削用量的选择原则

正确选择切削用量，对提高切削效率，保证必要的刀具耐用度和经济性，保证加工质量，具有重要的作用。

（一）粗加工时切削用量的选择原则

粗加工时，加工精度与表面要求不高，毛坯余量较大。因此，选择粗加工的切削用量时，要尽可能保证较高的单位时间金属切除量（金属切除率）和必要的刀具耐用度，以提高生产效率和降低加工成本。

(1) 金属切除率的计算

金属切除率计算式

$$Z_w \approx vfa_p \times 1000$$

式中　Z_w——单位时间内的金属切除量，mm^3/s；

　　　v——切削速度，m/s；

　　　f——进给量，mm/r；

　　　a_p——切削深度，mm。

提高切削速度、增大进给量和切削深度，都能提高金属切除率。但是，在这 3 个因素中，影响刀具耐用度最大的是切削速度，其次是进给量，影响最小的是切削深度。所以，粗加工切削用量的选择原则是：首先考虑选择一个尽可能大的切削深度 a_p，其次选择一个较大的进给量 f，最后确定一个合适的切削速度 v。

选用较大的 a_p 和 f 以后，刀具耐用度 t 显然也会下降，但要比 v 对 t 的影响小得多，只要稍微降低一下 v，便可以使 t 回升到规定的合理数值。因此，能使 v、f、a_p 的乘积较大，从而保证较高的金属切除率。此外，增大 a_p 可使走刀次数减少，增大 f 又有利于断屑。因此，根据以上原则选择粗加工切削用量，对于提高生产效率，减少刀具消耗，降低加工成本是比较有利的。

(2) 切削深度的选择

粗加工时，切削深度应根据工件的加工余量和由机床、夹具、刀具、工件组成的工艺系统的刚性来确定。在保留半精加工、精加工必要余量的前提下，应当尽量将粗加工余量一次切掉。只有当总加工余量太大，一次切不完时，才考虑分几次走刀。

(3) 进给量的选择

粗加工时限制进给量提高的因素主要是切削力。因此，进给量应根据机床—夹具—刀具—工件系统的刚性和强度来确定。选择进给量时，应考虑到机床进给机构的强度、刀杆尺寸、刀片厚度、工件的直径和长度等。在工艺系统的刚性和强度好的情况下，可选用大一些的进给量；在刚性和强度较差的情况下，应适当减小进给量。

(4) 切削速度的选择

粗加工时，切削速度 v 主要受刀具耐用度和机床功率的限制。合理的切削速度一般不需要经过精确计算，而是根据生产实践经验和有关资料确定。切削深度、进给量和切削速度三者决定了切削功率，在确定切削速度时必须考虑机床的许用功率。如超过机床的许用功率，则应适当降低切削速度。

（二）精加工时切削用量的选择原则

精加工时加工精度和表面粗糙度要求较高，加工余量要小且较均匀。因此，选择精加工的切削用量时，应着重考虑如何保证加工质量，并在此基础上尽量提高生产效率。

(1) 切削深度的选择

精加工时的切削深度应根据粗加工留下的余量确定。通常希望精加工余量不要留得太大，否则，当切削深度 a_p 较大时，切削力增加较显著，影响加工质量。

(2) 进给量的选择

精加工时限制进给量提高的主要因素是表面粗糙度。进给量 f 增大时，虽有利于断屑，但残留面积高度增大，切削力上升，表面质量下降。

（3）切削速度的选择

切削速度 v 提高时，切削变形减小，切削力有所下降，而且不会产生积屑瘤和鳞刺。一般选用切削性能好的刀具材料和合理的几何参数，以尽可能提高切削速度 v。只有当切削速度受到工艺条件限制而不能提高时，才选用低速，以避开积屑瘤产生范围。

由此可见，精加工时应选用较小的切削深度 a_p 和进给量 f，并在保证合理刀具耐用度的前提下，选取尽可能高的切削速度 v，以保证加工精度和表面质量，同时满足生产率的要求。

二、切削用量计算

根据已经熟知的知识结构，结合教材选题情况，本课程设计涉及的零件为典型的轴类（包含齿轮）、盘盖类（包含齿轮）、箱体类、叉类零件等，涉及的工艺编制包括车削加工方法、铣削加工方法、镗削加工方法、磨削加工方法、钻削加工方法、齿轮加工方法等，具体计算内容见表 4-62。

表 4-62　不同加工方法的切削用量计算内容一览表

序号	加工方法	切削用量计算内容	参考书页码	备注
1	车削切削用量	切削要素	506	
		车刀的磨钝标准及耐用度	506	
		车削进给量	507	
		车削时切削用量及功率	511	
		车削时各切削力	514	
		使用条件改变时切削速度、切削功率和切削力的修正系数	520	
		车削时切削速度、切削力和切削功率的计算公式	525	
2	孔加工切削用量	孔加工切削要素	544	机械加工工艺手册（李洪）
		钻削切削用量	544	
		扩孔切削用量	561	
		铰孔切削用量	567	
		深孔加工切削用量	572	
		镗孔切削用量	573	
		锪孔切削用量	574	
		钻孔、扩孔和铰孔的切削速度、切削力和切削功率的计算公式	574	
3	铣削切削用量	铣削要素	578	
		铣刀的磨钝标准及耐用度	579	
		各种铣刀铣削进给量	580	
		各种铣刀铣削用量及功率	588	
		使用条件改变时切削速度、切削力和切削功率的修正系数	612	
		各种铣削切削速度、切削力和切削功率的计算公式	621	
4	刨削、拉削、插削、螺纹加工、齿轮花键加工以及磨削的切削用量参见手册的对应页码处			

三、机械加工工时定额计算

不同生产类型、不同的加工方法对应的机械加工工时定额有所不同，具体计算内容见表4-63。

表 4-63　不同加工方法的时间定额计算内容一览表

序号	要素	时间定额计算内容	参考书 页码	备注
1	机械加工时间定额 的组成及其计算	机械加工时间定额的组成	692	
		机械加工时间定额的计算	693	
2	机动时间的计算	车削和镗削	694	
		刨削和插削	695	
		钻削	696	
		铣削	698	
		磨削	700	
		齿轮加工	704	
		螺纹加工	707	
		拉削	709	机械加工工艺 手册(李洪)
3	中批以上生产类型 其他时间的确定	卧式车床	709	
		转塔车床	717	
		立式车床	719	
		镗床	721	
		钻床	724	
		铣床	725	
		刨床和插床	728	
		磨床	731	
		齿轮加工机床	736	
		拉床	737	

第十节　工艺设计手册、教材与相关标准参考书目

一、工艺设计手册

[1] 李洪. 机械加工工艺手册 [M]. 北京：机械工业出版社，1990.

[2] 李益民. 机械制造工艺设计简明手册 [M]. 北京：机械工业出版社，2011.

[3] 艾兴，肖诗纲. 切削用量简明手册 [M]. 第3版. 北京：机械工业出版社，2004.

[4] 张纪真. 机械制造工艺标准应用手册 [M]. 北京：机械工业出版社，1997.

[5] 李云. 机械制造工艺及设备设计指导手册 [M]. 北京：机械工业出版社，1997.

[6] 杨叔子. 机械加工工艺师手册 [M]. 北京：机械工业出版社，2002.

[7] 孙本绪，熊万武. 机械加工余量手册 [M]. 北京：国防工业出版社，1999.

[8]　徐鸿本. 机床夹具设计手册 [M]. 沈阳：辽宁科学技术出版社，2004.

[9]　GB/T 7714—2015 信息与文献参考文献著录规则 [S]. 北京：中国标准出版社，2005.

[10]　王先逵. 机械加工工艺手册 第 1 卷 工艺基础卷 [M]：第 2 版. 北京机械工业出版社，2007.

[11]　王光斗，王春福. 机床夹具设计手册 [M]：第 3 版. 上海. 上海科学技术出版社，2000.

[12]　吴拓. 简明机床夹具设计手册 [M]. 北京：化学工业出版社，2010.

二、教材

[1]　王家珂. 机械零件加工工艺编制 [M]. 北京：机械工业出版社，2016.

[2]　周益军，王家珂. 机械加工工艺编制及专用夹具设计 [M]. 北京：高等教育出版社，2012.

[3]　柳青松. 机械设备制造技术 [M]. 西安：西安电子科技大学出版社，2007.

[4]　柳青松. 机床夹具设计与应用 [M]. 第 2 版. 北京：化学工业出版社，2014.

[5]　柳青松. 机床夹具设计与应用实例 [M]. 北京：化学工业出版社，2018.

[6]　柳青松，王树凤. 机械制造基础 [M]. 北京：机械工业出版社，2017.

[7]　于大国. 机械制造技术基础与工艺学课程设计教程 [M]. 北京：国防工业出版社，2013.

[8]　张龙勋. 机械制造工艺学课程设计指导书及习题 [M]. 北京：机械工业出版社，1999.

[9]　林昌杰. 机械制造工艺实训 [M]. 北京：高等教育出版社，2009.

[10]　陈宏钧. 机械加工工艺方案设计及案例 [M]. 北京：机械工业出版社，2011.

三、相关标准

[1]　JG/T 9165.2—1998 工艺规程格式 [S]. 北京：中国标准出版社，1998.

[2]　GB/T 1800.1—2009 产品几何技术规范（GPS）极限与配合 第 1 部分：公差、偏差和配合的基础 [S]. 北京：中国标准出版社，2009.

[3]　GB/T 1800.2—2009 产品几何技术规范（GPS）极限与配合 第 2 部分：标准公差等级和孔、轴极限偏差表 [S]. 北京：中国标准出版社，2009.

[4]　GB/T 1182—2008 产品几何技术规范（GPS）几何公差 形状、方向、位置和跳动公差标注 [S]. 北京：中国标准出版社，2008.

[5]　中国机械工业联合会. GB/T 15375—2008 金属切削机床 型号编制方法 [S]. 北京：中国标准出版社，2008.

[6]　中华人民共和国国家质量监督检验检疫总局，中国国家标准化管理委员会. GB/T 6117.1—2010 立铣刀 第 1 部分：直柄立铣刀 [S]. 北京：中国标准出版社，2010.

[7]　中华人民共和国国家质量监督检验检疫总局，中国国家标准化管理委员会. GB/T 6117.2—2010 立铣刀 第 2 部分：莫氏锥柄立铣刀 [S]. 北京：中国标准出版社，2010.

[8]　中华人民共和国国家质量监督检验检疫总局，中国国家标准化管理委员会. GB/T 6117.3—2010 立铣刀 第 3 部分：7：24 锥柄立铣刀 [S]. 北京：中国标准出版社，2010.

[9] 中华人民共和国国家质量监督检验检疫总局，中国国家标准化管理委员会. GB/T 5343.1—2007 可转位车刀及刀夹 第 1 部分：型号表示规则 [S]. 北京：中国标准出版社，2007.

[10] 中华人民共和国国家质量监督检验检疫总局，中国国家标准化管理委员会. GB/T 5343.2—2007 可转位车刀及刀夹 第 2 部分：可转位车刀型式尺寸和技术条件 [S]. 北京：中国标准出版社，2007.

[11] 中华人民共和国工业和信息化部. JB/T 7953—2010 镶齿三面刃铣刀 [S]. 北京：机械工业出版社，2010.

[12] 国家质量技术监督局. GB/T 17985.1—2000 硬质合金车刀 第 1 部分：代号及标志 [S]. 北京：中国标准出版社，2000.

[13] 国家质量技术监督局. GB/T 17985.2—2000 硬质合金车刀 第 2 部分：外表面车刀 [S]. 北京：中国标准出版社，2000.

[14] 国家质量技术监督局. GB/T 17985.3—2000 硬质合金车刀 第 3 部分：内表面车刀 [S]. 北京：中国标准出版社，2000.

[15] 中华人民共和国国家质量监督检验检疫总局，中国国家标准化管理委员会. GB/T 6083—2016 齿轮滚刀 基本型式和尺寸 [S]. 北京：中国标准出版社，2016.

[16] 中华人民共和国国家质量监督检验检疫总局，中国国家标准化管理委员会. GB/T 24630.1—2009 产品几何技术规范（GPS）平面度 第 1 部分：词汇和参数 [S]. 北京：中国标准出版社，2010.

[17] 中国机械工业联合会. GB/T 1217—2004 公法线千分尺 [S]. 北京：中国标准出版社，2004.

[18] 中华人民共和国国家质量监督检验检疫总局，中国国家标准化管理委员会. GB/T 10920—2008 螺纹量规和光滑极限量规 型式与尺寸 [S]. 北京：中国标准出版社，2009.

[19] GB/T 6414—2017 铸件 尺寸公差、几何公差与机械加工余量 [S]. 北京：中国标准出版社，2017.

[20] JB/T 5939—1991 工程机械 铸钢件通用技术条件 [S]. 北京：中国标准出版社，2017.

[21] GB/T 12362—2016 钢质模锻件 公差及机械加工余量 [S]. 北京：中国标准出版社，2016.

[22] 机械工业出版社. JBT 5673—2015 农林拖拉机及机具涂漆 通用技术条件 [S]. 北京：机械工业出版社，2016.

第二部分

犁刀变速齿轮箱体的机械加工工艺规程与专用夹具设计实例

××××××××学院

机械制造工艺与机床夹具
课程设计说明书

题目：犁刀变速齿轮箱体的机械加工工艺规程
与专用夹具设计

姓名：___李×琦___ 学号：___1703××××03___

院系：___××××××___

专业：___机械设计与制造专业___

班级：___1703 机械设计___

指导教师：___× × ×___

设计日期：20××年××月××日至××月××日

×××××××学院

机械制造工艺与机床夹具
课程设计任务书

题目：设计犁刀变速齿轮箱体零件的机械加工工艺规程

及钻 Ⅴ 面 6 孔工序的专用夹具

内容：（1）绘制产品零件图（2♯～4♯图纸）　　　1 张

（2）绘制零件-毛坯合图　　　　　　　　1 张

（3）制定机械加工工艺规程卡片　　　　1 套

（4）绘制夹具总装配图　　　　　　　　1 张

（5）绘制夹具零件图　　　　　　　　　1 张

（6）课程设计说明书　　　　　　　　　1 份

原始资料：零件图样 1 张；生产纲领为 5000 件/年；每日 1 班（8 小时）。

姓名：　李×琦　　学号：　1703×××03

专业：　机械设计与制造专业

班级：　1703 机械设计

指导教师：　×　×　×

20××年××月××日

设计题目:

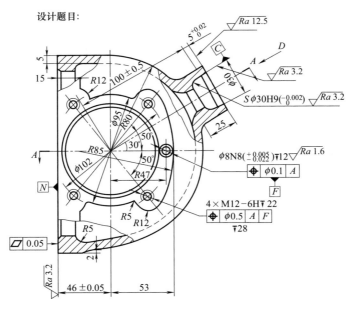

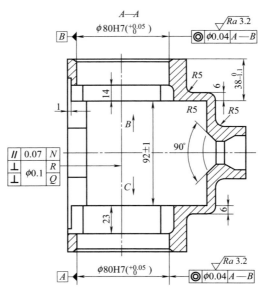

$A—A$

技术要求
1. 铸件应消除内应力。
2. 未注明铸造圆角为$R2～3$。
3. 铸件表面不得有粘砂、多肉、裂纹等缺陷。
4. 允许有非聚集的孔眼存在,其直径不大于5,深度不大于3,
   相距不小于30,整个铸件上孔眼数不多于10个。
5. 未注明倒角为$C0.5$。

图 1　犁刀变速齿轮

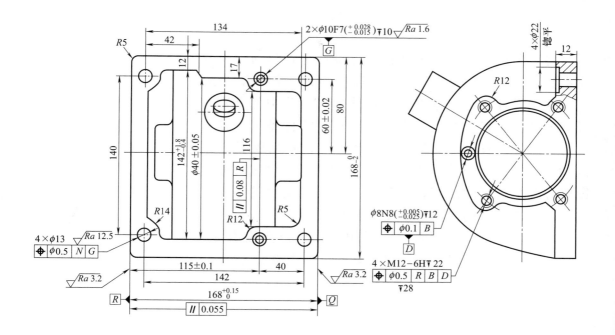

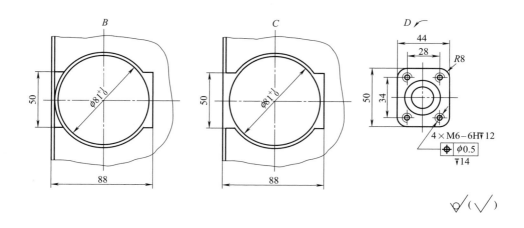

6.所有螺孔锪90°锥孔至螺纹外径。
7.去毛刺，锐边倒钝。
8.同一加工平面上允许有直径不大于3，深度不大于15，总数
不超过5个孔眼，两孔之间距不小于10，孔眼边距不小于3。
9.涂漆按JB/T 5673—2015执行。
10.材料HT200。

箱体零件图

前　　言

　　机械制造工艺与机床夹具课程设计是在学习完机械零件加工工艺编制、机床夹具设计与应用及大部分专业课后的又一个综合教学环节。

　　这次设计我综合运用机械零件加工工艺中的基本理论，结合相关实践教学环节的技能培养，形成了中等复杂程度零件犁刀变速齿轮箱体的工艺规程设计能力。运用夹具设计的基本原理和方法，我完成了老师指定的钻 V 面 6 孔工序的钻床夹具设计方案，获得了夹具结构设计的能力，同时也熟悉了有关手册、图表等技术资料的应用，得到了编写技术文件的一次实践机会，为今后的毕业设计及未来从事的工作打下良好的基础。

　　由于我是一个初学者，课程相关知识点还没有完全融会贯通，经验不足，设计中还有许多不足之处，希望老师多加指教。

<h1 style="text-align: center;">目　录</h1>

1　犁刀变速齿轮箱体零件图样分析 ·· 125

　1.1　箱体类零件的结构特点 ·· 125

　1.2　犁刀变速齿轮箱体零件图分析 ······································ 125

　　1.2.1　图纸的技术性能分析 ·· 125

　　1.2.2　计算生产纲领，确定生产类型 ································ 126

2　零件分析 ·· 126

　2.1　零件的作用 ·· 126

　2.2　零件的工艺分析 ·· 127

3　确定毛坯、画毛坯-零件合图 ·· 127

　3.1　铸件尺寸公差（DCTG） ·· 127

　3.2　铸件机械加工余量（RMA） ·· 128

　　3.2.1　铸件机械加工余量等级选择（RMAG） ···················· 128

　　3.2.2　铸件各表面总余量与铸件主要尺寸公差 ·················· 128

　3.3　铸件的分型面与浇冒口 ·· 128

　3.4　确定毛坯、绘制毛坯-零件合图 ···································· 129

4　工艺规程设计 ·· 130

　4.1　定位基准的选择 ·· 130

　　4.1.1　精基准的选择 ·· 130

　　4.1.2　粗基准的选择 ·· 130

　4.2　制定工艺路线 ·· 131

　　4.2.1　犁刀变速齿轮箱体零件各表面加工方法的拟定 ·········· 131

　　4.2.2　拟定犁刀变速齿轮箱体零件加工工艺路线 ················ 131

　　4.2.3　犁刀变速齿轮箱体零件的机械加工工艺路线 ············ 132

　4.3　选择加工设备与工艺装备 ·· 133

　　4.3.1　铣镗各个表面的加工设备与工艺装备 ···················· 133

　　4.3.2　钻扩铰攻各个表面的加工设备与工艺装备 ················ 134

　4.4　加工工序设计（即确定工序尺寸） ································ 135

　　4.4.1　工序 5 粗铣及工序 35 精铣 N 面 ···························· 135

　　4.4.2　工序 10 钻扩铰孔 $2×\phi9F9$ 与钻孔 $4×\phi13$mm ·········· 136

　　4.4.3　工序 25 粗镗 ·· 138

　　4.4.4　工序 20 铣凸台面工序 ·· 141

　　4.4.5　工序 10 的时间定额计算 ······································ 142

　　4.4.6　填写机械加工工艺过程卡和机械加工工序卡 ············ 146

4.5 夹具设计 ……………………………………………………………… 146

4.5.1 确定设计方案 ………………………………………………… 146

4.5.2 计算夹紧力并确定螺杆直径 ……………………………… 147

4.5.3 定位精度分析 ………………………………………………… 147

4.5.4 操作说明 ……………………………………………………… 150

5 心得体会 ………………………………………………………………… 151

附表 1 犁刀变速齿轮箱体零件机械加工工艺过程卡 ………………… 152

附表 2 犁刀变速齿轮箱体零件机械加工工序卡 ……………………… 154

参考文献 ……………………………………………………………………… 167

1　犁刀变速齿轮箱体零件图样分析

1.1　箱体类零件的结构特点

　　箱体类零件是机器的基础件之一，由它将一些轴、套和齿轮等零件组装在一起，保持正确的相互位置关系，并且能按照一定的传动要求传递动力和运动，它是构成机器的一个重要部件。

　　箱体的结构一般比较复杂，箱体外面都有许多平面和孔，内部呈腔形，壁薄且不均匀，刚度较低，加工精度要求较高，特别是主轴承孔和基准平面的精度。因此，一般来说，箱体上不仅需要加工的部位较多，而且加工的难度也较大。

　　箱体上的孔大都是轴承支承孔，加工质量要求较高；平行孔系之间应有一定孔距尺寸精度和平行度要求；同轴线上的孔应有一定的同轴度要求。

　　箱体的装配基准面和加工中的定位基准面应有较高的平面度和较小的表面粗糙度值要求。

　　各支承孔与装配基准面之间应有一定的尺寸精度和平行度要求，与端面应有一定的垂直度要求；各平面与装配基准面之间也应有一定的平行度和垂直度要求。

1.2　犁刀变速齿轮箱体零件图分析

1.2.1　图纸的技术性能分析

1.2.1.1　零件的工艺设计原始资料

　　图 1 所示为犁刀变速齿轮箱体。该产品年产量为 5000 件，设其备品率为 16％，机械加工废品率为 2％，现制定该零件的机械加工工艺规程。

1.2.1.2　零件的技术要求

　　① 铸件应消除应力。

　　② 未注明铸造圆角为 $R2\sim3$。

　　③ 铸件表面不得有粘砂、多肉及裂纹等缺陷。

　　④ 允许有非聚集的孔眼存在，直径不大于 5mm，深度不大于 3mm，相距不小于 30mm，整个铸件上孔数不多于 10 个。

　　⑤ 未注明的倒角为 $C0.5$。

　　⑥ 所有螺纹孔锪 90°锥孔至螺纹外径。

⑦ 去毛刺，锐边倒钝。

⑧ 同一加工平面上允许有直径不大于 3mm、深度不大于 15mm、总数不超过 5 个孔眼，两孔间距不小于 10mm，孔眼边距不小于 3mm。

⑨ 涂漆：按《农林拖拉机及机具涂漆通用技术条件》（JB/T 5673—2015）执行。

⑩ 材料为 HT200。

1.2.2 计算生产纲领，确定生产类型

$$N = Qn(1 + a\% + b\%) = 5000 \times 1 \times (1 + 16\% + 2\%) = 5900(\text{件/年})$$

犁刀变速齿轮箱体年生产量为 5900 件，现通过计算，该零件质量约为 7kg。根据生产类型与生产纲领的关系，可确定其生产类型为大批量生产。

2　零　件　分　析

2.1　零件的作用

犁刀变速齿轮箱体是旋耕机的一个主要零件。旋耕机通过该零件的安装平面（见图 1 零件图上的 N 面）与手扶拖拉机变速箱的后部相连，用两圆柱销定位，4 个螺栓固定，实现旋耕机的正确连接。N 面上的 $4 \times \phi13$mm 孔为螺栓连接孔，$2 \times \phi10$F7 孔为定位销孔。

如图 2 所示，犁刀变速齿轮箱体 2 内有一个空套在犁刀传动轴上的犁刀传

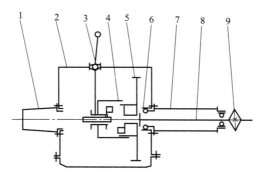

图 2　犁刀变速齿轮箱传动示意图
1—左臂壳体；2—犁刀变速齿轮箱体；3—操纵杆；4—啮合套；5—犁刀传动齿轮；
6—轴承；7—右臂壳体；8—犁刀传动轴；9—链轮

动齿轮 5，它与变速箱的一倒挡齿轮常啮合（图中未画出）。犁刀传动轴 8 的左端花键上套有啮合套 4，通过拨叉可以轴向移动。啮合套 4 和犁刀传动齿轮 5 相对的一面都有牙嵌，牙嵌结合时，动力传给犁刀传动轴 8。其操作过程通过安装在 $S\phi30H9$ 孔中的操纵杆 3 操纵拨叉而得以实现。

2.2　零件的工艺分析

由图 1 得知，其材料为 HT200。该材料具有较高的强度、耐磨性、耐热性及减振性，适用于承受较大应力、要求耐磨的零件。

该零件上的主要加工面为 N 面、R 面、Q 面和 $2\times\phi80H7$ 孔。N 面的平面度 0.05mm 直接影响旋耕机与拖拉机变速箱的接触精度及密封。

$2\times\phi80H7$ 孔的同轴度 $\phi0.04$mm，与 N 面的平行度 0.07mm，与 R 及 Q 面的垂直度 $\phi0.1$mm，以及 R 相对 Q 面的平行度 0.055mm，直接影响犁刀传动轴对 N 面的平行度及犁刀传动齿轮的啮合精度、左臂壳体及右臂壳体孔轴线的同轴度等。因此，在加工它们时，最好能在一次装夹下将两面或两孔同时加工出来。

$2\times\phi10F7$ 孔的孔距尺寸精度（140±0.05）mm 以及（140±0.05）mm 对 R 面的平行度 0.06mm，影响旋耕机与变速箱连接时的正确定位，从而影响犁刀传动齿轮与变速箱倒挡齿轮的啮合精度。

3　确定毛坯、画毛坯-零件合图

根据零件材料确定毛坯为 HT200 铸件，毛坯的铸造方法选用砂型机器造型。又由题目已知零件的生产纲领为 5000 件/年。通过计算，该零件质量约为 7kg。

由生产类型与生产纲领的关系可知，其生产类型为大批生产。毛坯的铸造方法选用砂型机器造型。又由于箱体零件的内腔及 $2\times\phi80$mm 孔均需铸出，故还应安放型芯。此外，为消除残余应力，铸造后应安排人工时效。

3.1　铸件尺寸公差（DCTG）

铸件尺寸公差分为 16 级，由于是大批量生产，毛坯的铸造方法选用砂型机器造型，由 GB/T 6414—2017 铸件　尺寸公差、几何公差与机械加工余量中表 2 铸件尺寸公差（DCTG）取铸件尺寸公差等级为 DCTG11 级，选取铸件错型

（SMI）值为 1.0mm。

3.2 铸件机械加工余量（RMA）

3.2.1 铸件机械加工余量等级选择（RMAG）

标准《铸件 尺寸公差、几何公差与机械加工余量》（GB/T 6414—2017）中"附录 D 机械加工余量等级"规定了各种铸件机械加工余量等级（RMAG）分为 10 级，分别为 RMAGA～RMAGK。本设计中零件材料为 HT200，大批量生产，砂型机器造型，因此从标准的"附录 D 表 D.1 铸件的机械加工余量等级"中选择"G"级，即机械加工余量等级为 RMAGG。

3.2.2 铸件各表面总余量与铸件主要尺寸公差

根据以上分析，本设计零件的各表面加工总余量见表 1。

表 1 各表面加工总余量

加工表面	基本尺寸 /mm	加工余量等级	加工余量数值 /mm	说　明
R 面	168	G	4	底面，双侧加工（取下行数据）
Q 面	168	H	5	顶面降 1 级，双侧加工
N 面	168	G	5	侧面，单侧加工（取上行数据）
凸台面距 ϕ80mm 孔中心尺寸	106	G	4	侧面单侧加工
2×ϕ80mm 孔	80	H	3	孔降 1 级，双侧加工

结合参考文献 [2] 李益民. 机械制造工艺设计简明手册规定的"铸件机械加工余量"示例，本设计铸件的主要毛坯尺寸及公差如表 2 所示。

表 2 主要毛坯尺寸及公差　　　　　　　　　　　　　mm

主要面尺寸	零件尺寸	总余量	毛坯尺寸	公差 CT		
N 面轮廓尺寸			168	—	168	4
N 面轮廓尺寸			168	4+5	177	4
N 面距 ϕ80mm 孔中心尺寸			46	5	51	2.8
凸台面距 ϕ80mm 孔中心尺寸			100+6	4	110	3.6
2×ϕ80mm 孔			ϕ80	3+3	ϕ74	3.2

铸件的分型面选择通过 C 基准孔轴线且与 R 面（或 Q 面）平行的面。浇冒口位置分别为 C 基准孔凸台的两侧。

3.3 铸件的分型面与浇冒口

铸件的分型面选择通过 C 基准孔轴线，且与 R 面（或 Q 面）平行的面。浇冒口位置分别位于 C 基准孔凸台的两侧。

3.4 确定毛坯、绘制毛坯-零件合图

根据零件材料确定毛坯为铸件，毛坯的铸造方法选用砂型机器造型。

毛坯-零件合图（图 3）一般包括以下内容：铸造毛坯形状、尺寸及公差、加工余量与工艺余量、铸造斜度及圆角、分型面、浇冒口残根位置、工艺基准及其他有关技术要求等。

毛坯-零件合图需满足以下技术条件。

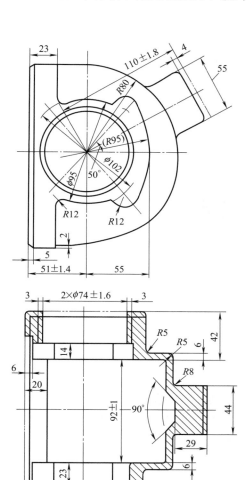

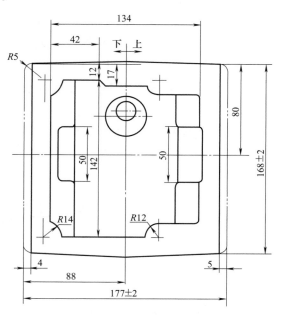

技术要求
1. 毛坯精度等级CT为10级。
2. 热处理：时效处理，180～200HBS。
3. 未注铸造圆角为R2～3，起模斜度2°。
4. 铸件表面应无气孔、缩孔、夹砂等。
5. 材料为HT200。

图 3　毛坯-零件合图

① **合金牌号。**HT200。

② **铸造方法。**砂型机器造型。

③ **铸造精度等级。**CT 为 10 级。

④ **未注明的铸造斜度及圆角半径。**未注铸造圆角为 $R2\sim3$，起模斜度 2°。

⑤ **铸件的综合技术条件。**HT 200 的力学性能、金相组织、几何形状与尺寸、尺寸公差、加工余量、重量偏差、表面质量、铸造缺陷以及特殊要求均应满足《灰铸铁件》（GB/T 9439—2010）规定要求。

⑥ **铸件的交货状态。**

a. **浇冒口残根的大小。**砂型铸件的浇冒口残根大小为 $0.5\sim2$ mm。

b. **铸件表面的技术要求。**抛丸、除锈、涂漆处理。本实例按《农林拖拉机及机具涂漆通用技术条件》（JB/T 5673—2015）执行。

c. **铸件是否要进行气压或液压试验，压力要求。**按照《液压传动　液压铸铁件技术条件》（JB/T 12232—2015）执行。

d. **热处理硬度。**时效处理，$180\sim200$ HBS。

4　工艺规程设计

4.1　定位基准的选择

4.1.1　精基准的选择

犁刀变速齿轮箱体的 N 面和孔 $2\times\phi10$F7 既是装配基准又是设计基准，用它们作精基准，能使加工遵循"基准重合"的原则，实现箱体零件"一面二孔"的典型定位方式；其余各面和孔的加工也能用它定位，这样使工艺路线遵循了"基准统一"的原则。此外，N 面的面积较大，定位比较稳定，夹紧方案也比较简单、可靠，操作方便。

4.1.2　粗基准的选择

考虑到以下几点要求，选择箱体零件上重要孔（$2\times\phi80$ mm）的毛坯孔与箱体内壁作粗基准。

① 在保证各加工面均有加工余量的前提下，使重要孔的加工余量尽量均匀。

② 装入箱内的旋转零件（如齿轮、轴套等）与箱体内壁有足够的间隙。

③ 能保证定位准确、夹紧可靠。

最先进行机械加工的表面是精基准 N 面和 $2 \times \phi 10F9$ 孔，这时可有两种定位夹紧方案。

方案一：用一浮动圆锥销伸入一 $\phi 80mm$ 毛坯孔中限制 2 个自由度；用 3 个支承钉支承在与 Q 面相距 32mm 并平行于 Q 面的毛坯面上，限制 3 个自由度；再以 N 面本身找正限制一个自由度。这种方案适合于大批大量生产类型中，在加工 N 面及其面上各孔以及凸台面及其各孔的自动线上采用随行夹具时用。

方案二：用一根两头带反锥形（一端的反锥可取下，以便装卸工件）的心棒插入 $2 \times \phi 80mm$ 毛坯孔中并夹紧，粗加工 N 面时，将心棒置于两头的 V 形架上限制 4 个自由度，再以 N 面本身找正限制一个自由度。这种方案虽要安装一根心棒，但由于下一道工序（钻扩铰 $2 \times \phi 10F9$ 孔）还要用这根心棒定位，即将心棒置于两头的 U 形槽中限制 2 个自由度，故本道工序可不用将心棒卸下，而且这一"随行心棒"比上述随行夹具简单得多。又因随行工位少，准备的心棒数量就少，因而该方案是可行的。

4.2　制定工艺路线

4.2.1　犁刀变速齿轮箱体零件各表面加工方法的拟定

根据各表面加工要求和各种加工方法能达到的经济精度，确定各表面的加工方法：N 面，粗车—精铣；R 面和 Q 面，粗铣—精铣；凸台面，粗铣；$2 \times \phi 80mm$ 孔，粗镗—精镗；$7 \sim 9$ 级精度的未铸出孔，钻—扩—铰；螺纹孔，钻孔—攻螺纹。

因 R 面与 Q 面有较高的平行度要求，$2 \times \phi 80mm$ 孔有较高的同轴度要求，故它们的加工宜采用工序集中的原则，即分别在一次装夹下将两面或两孔同时加工出来，以保证其位置精度。

根据"先面后孔，先主要表面、后次要表面，先粗加工、后精加工"的原则，将 N 面、R 面、Q 面及 $2 \times \phi 80mm$ 孔的粗加工放在前面，精加工放在后面，每一阶段中又首先加工 N 面，后再镗 $2 \times \phi 80mm$ 孔。R 面及 Q 面上的 $\phi 8N8$ 孔及 $4 \times M12$ 螺纹孔等次要表面放在最后加工。

4.2.2　拟定犁刀变速齿轮箱体零件加工工艺路线

根据各表面加工要求和各种加工方法能达到的经济精度，初步拟定犁刀变速齿轮箱体零件加工工艺路线见表 3。

表 3　初步拟定犁刀变速齿轮箱体零件加工工艺路线

工序号	工序内容
	铸造
	时效
	涂漆
5	粗车 N 面
10	钻扩铰 $2 \times \phi 10F7$ 孔(尺寸留精铰余量,余量由 $2 \times \phi 10F9$ 变成 $2 \times \phi 10F7$),孔口倒角 $C1$
15	粗铣凸台面
20	粗铣 R 面及 Q 面
25	粗镗孔 $2 \times \phi 80mm$,孔口倒角 $C1$
30	钻孔 $\phi 20mm$
35	精铣 N 面
40	精铰孔 $2 \times \phi 10F7$
45	精铣 R 面及 Q 面
50	精镗孔 $2 \times \phi 80H7$
55	扩铰球形孔 $S\phi 30H9$,钻 $4 \times M6$ 螺纹底孔,孔口倒角 $C1$,攻螺纹 $4 \times M6$
60	钻孔 $4 \times \phi 13mm$
65	锪平面 $4 \times \phi 22mm$
70	钻 $8 \times M12$ 螺纹底孔,孔口倒角 $C1$,钻铰孔 $2 \times \phi 8N8$,孔口倒角 $C1$,攻螺纹 $8 \times M12$
75	检验
80	入库

4.2.3　犁刀变速齿轮箱体零件的机械加工工艺路线

表 3 所示"初步拟定犁刀变速齿轮箱体零件加工工艺路线"方案遵循了工艺路线拟定的一般原则,但某些工序还有一些问题值得进一步讨论。如粗车 N 面,因工件和夹具的尺寸较大,在卧式车床上加工时,它们的惯性力较大,平衡较困难。又由于 N 面不是连续的圆环面,车削中出现断续切削,容易引起工艺系统的振动,故改用铣削加工。

工序 20 应在工序 15 前完成,使 R 面和 Q 面在粗加工后有较多的时间进行自然时效,减少工件受力变形和受热变形对孔 $2 \times \phi 80mm$ 加工精度的影响。

精铣 N 面后,N 面与孔 $2 \times \phi 10F7$ 的垂直度误差难以通过精铰孔纠正,故对这两孔的加工改为扩铰,并在前面的工序中预留足够的余量。

尽管孔 $4 \times \phi 13mm$ 是次要表面,但在钻扩铰孔 $2 \times \phi 10F7$ 时,也将孔 $4 \times \phi 13mm$ 钻出,可以节约一台钻床和一套专用夹具,这样能降低生产成本,而且工时也不长。

同理,钻孔 $\phi 20mm$ 工序也应并到扩铰球形孔 $S\phi 30H9$ 工序中。这组孔在精镗孔 $2 \times \phi 80H7$ 后加工,容易保证其轴线与孔 $2 \times \phi 80H7$ 轴线的位置精度。

工序 70 工步太多，工时太长，考虑到整个生产线的节拍，应将螺纹孔 8×M12 的攻螺纹作为另一道工序。

修改后的犁刀变速齿轮箱体零件加工工艺路线见表 4。

表 4　修改后的犁刀变速齿轮箱体零件加工工艺路线

工序号	工序内容	简要说明
	铸造	
	时效	
	涂漆	
5	粗铣 N 面	
10	钻扩铰 $2×\phi10F7$ 孔至 $2×\phi9F9$,孔口倒角 $C1$,钻孔 $4×\phi13mm$	
15	粗铣 R 面及 Q 面	
20	粗铣凸台面	
25	粗镗孔 $2×\phi80$,孔口倒角 $C1$	
30	精铣 N 面	
35	扩铰孔 $2×\phi10F7$	
40	精铣 R 面及 Q 面	
45	精镗孔 $2×\phi80H7$	
50	钻 $\phi20mm$ 孔,扩铰 $S\phi30H9$ 球形孔,钻 $4×M6$ 螺纹底孔,孔口倒角 $C1$,攻螺纹 $4×M6-6H$	
55	锪平面 $4×\phi22mm$	
60	钻 $8×M12$ 螺纹底孔,孔口倒角 $C1$,钻铰孔 $2×\phi8N8$,孔口倒角 $C1$	
65	攻螺纹 $8×M12-6H$	
70	检验	
75	入库	

4.3　选择加工设备与工艺装备

4.3.1　铣镗各个表面的加工设备与工艺装备

由于生产类型为大批生产，故加工设备宜以通用机床为主，辅以少量专用机床。其生产方式采用以通用机床加专用夹具为主，辅以少量专用机床的流水生产线。工件在各机床上的装卸及各机床间的传送均由人工完成。

粗铣 N 面。考虑到工件的定位夹紧方案及夹具结构设计等问题，采用立铣，选择 X52K 立式铣床（[1] 李洪 . 机械加工工艺手册　表 3.1-73）。选择直径 D 为 $\phi200mm$ 的 C 类可转位面铣刀（[1] 李洪 . 机械加工工艺手册 表 4.4-40）、专用夹具和游标卡尺。

精铣 N 面。由于定位基准的转换，宜采用卧铣，选择 X62W 卧式铣床（[1] 李洪 . 机械加工工艺手册　表 3.1-73）。选择与粗铣相同型号的刀具。采用精铣专用夹具及游标卡尺、刀口形直尺。

铣凸台面采用立式铣床 X52K、莫氏锥柄面铣刀、专用铣夹具、专用检具。

粗铣 R 及 Q 面采用卧式双面组合铣床，因切削功率较大，故采用功率为 5.5kW 的 1TX32 型铣削头（[1] 李洪．机械加工工艺手册　表 3.2-43）。选择直径为 ϕ160mm 的 C 类可转位面铣刀（[1] 李洪．机械加工工艺手册　表 4.4-40）、专用夹具、游标卡尺。

精铣 R 及 Q 面采用功率为 1.5kW 的 1TX$_b$20M 型铣削头组成的卧式双面组合铣床。精铣刀具类型与粗铣的相同。采用专用夹具。

粗镗 2×ϕ80H7 孔采用卧式双面组合镗床，选择功率为 1.5kW 的 1TA20 镗削头（[1] 李洪．机械加工工艺手册　表 3.2-44）。选择镗通孔的镗刀、专用夹具、游标卡尺。

精镗 2×ϕ80H7 孔也采用卧式双面组合镗床，选择功率为 1.5kW 的 1TA20M 镗削头。选择精镗刀、专用夹具。

4.3.2　钻扩铰攻各个表面的加工设备与工艺装备

工序 10 钻扩铰 2×ϕ10F7 孔至 2×ϕ9F9，孔口倒角 C1，钻孔 4×ϕ13mm 选用摇臂钻床 Z3025（[1] 李洪．机械加工工艺手册　表 3.1-30），选用锥柄麻花钻（[1] 李洪．机械加工工艺手册　表 4.3-9），锥柄扩孔复合钻，扩孔时倒角（[1] 李洪．机械加工工艺手册　表 4.3-31）。选用锥柄机用铰刀（[1] 李洪．机械加工工艺手册　表 4.3-46）、专用夹具、快换夹头、游标卡尺及塞规。

锪 4×ϕ22mm 平面选用直径为 ϕ22mm、带可换导柱锥柄平底锪钻，导柱直径为 ϕ13mm（[1] 李洪．机械加工工艺手册　表 4.3-38）。

工序 50 中所加工的最大钻孔直径为 ϕ20mm，扩铰孔直径为 ϕ30mm，故仍选用摇臂钻床 Z3025（[1] 李洪．机械加工工艺手册　表 3.1-30）。钻 ϕ20mm 孔选用锥柄麻花钻（[1] 李洪．机械加工工艺手册　表 4.3-9），扩铰 Sϕ30H9 孔用专用刀具，4×M6 螺纹底孔用锥柄阶梯麻花钻（[1] 李洪．机械加工工艺手册　表 4.3-16），攻螺纹采用机用丝锥（[1] 李洪．机械加工工艺手册　表 4.6-3）及丝锥夹头。采用专用夹具。ϕ20mm、ϕ30mm 孔径用游标卡尺测量，4×M6 螺孔用螺纹塞规检验，球形孔 Sϕ30H9 及尺寸 $6^{+0.2}_{0}$mm 用专用量具测量，孔轴线的倾斜 30° 用专用检具测量。

8×M12 螺纹底孔及 2×ϕ8N8 孔选用摇臂钻床 Z3025 加工（[1] 李洪．机械加工工艺手册　表 3.1-30）。8×M12 螺纹底孔选用锥柄阶梯麻花钻（[1] 李洪．机械加工工艺手册　表 4.3-16）、选用锥柄复合麻花钻及锥柄机用铰刀加工 2×ϕ8N8 孔。采用专用夹具，选用游标卡尺和塞规检查孔径。

8×M12 螺孔攻螺纹选用摇臂钻，采用机用丝锥（[1] 李洪．机械加工工艺手册　表 4.6-3）丝锥夹头、专用夹具和螺纹塞规。

4.4 加工工序设计（即确定工序尺寸）

确定工序尺寸的一般方法是：由加工表面的最后工序往前推算，最后工序的工序尺寸按零件图样的要求标注。当无基准转换时，同一表面多次加工的工序尺寸只与工序（或工步）的加工余量有关；当有基准转换时，工序尺寸应用工艺尺寸链解算。

4.4.1 工序 5 粗铣及工序 35 精铣 N 面

4.4.1.1 工序加工余量校核

查本书表 4-37 铣平面的加工余量得精加工余量 $Z_{N精}$ 为 1.5mm。已知 N 面总余量 $Z_{N总}$ 为 5mm，故粗加工余量 $Z_{N粗}=5-1.5=3.5（mm）$。

如图 4 所示，精铣 N 面工序中，以 B 孔定位，N 面至孔 B、A 轴线的工序尺寸即为设计尺寸，$X_{N-B精}=（46\pm0.05）mm$，则粗铣 N 面工序尺寸 $X_{N-B粗}=47.5mm$。

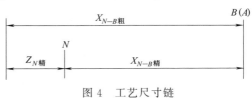

图 4　工艺尺寸链

依据表 4-17 标准公差值，粗铣加工公差等级选用 IT11～IT13，取 IT11，其公差 $T_{N-B粗}=0.16mm$。所以 $X_{N-B粗}=（47.5\pm0.08）mm$（中心距公差对称标注）。

校核精铣余量 $Z_{N精}$：

$Z_{N精min}=X_{N-B粗min}-X_{N-B精max}=（47.5-0.08）-（46+0.05）=1.37（mm）$

故余量足够。

4.4.1.2 切削用量计算

查 [1] 李洪. 机械加工工艺手册中表 2.4-73，取面铣刀粗铣的每齿进给量 f_z 为 0.2mm/z；取面铣刀精铣的每转进给量 $f=0.5mm/r$；面铣刀粗铣走刀 1 次，$a_p=3.5mm$；面铣刀精铣走刀一次，$a_p=1.5mm$。

查 [1] 李洪. 机械加工工艺手册中表 3.1-74 铣床主轴转速，取粗铣的主轴转速为 150r/min，取精铣的主轴转速为 300r/mim。前面已选定铣刀直径 D 为 $\phi200mm$，故相应的切削速度分别为

$$v_粗=\frac{\pi Dn}{1000}=3.14\times200\times150\div1000=92.4（m/min）$$

$$v_精=\frac{\pi Dn}{1000}=3.14\times200\times300\div1000=188.4（m/min）$$

校核机床功率（一般只校核粗加工工序）：

查 [1] 李洪. 机械加工工艺手册中表 2.4-96 各种铣削切削速度及功率计算

公式，采用 YG6 硬质合金端铣刀加工 HT200 的切削功率 P_m 为

$$P_m = 167.9 \times 10^{-5} a_p^{0.9} f_z^{0.74} a_e z n k_{pm}$$

取 $z = 10$ 个齿，$n = 150 \div 60 = 2.5$（r/s），$a_e = 168\text{mm}$，$f_z = 0.2\text{mm/z}$，$k_{pm} = 1$，将它们代入式中得

$$P_m = 167.9 \times 10^{-5} \times 3.5^{0.9} \times 0.2^{0.74} \times 168 \times 10 \times 2.5 \times 1 = 6.62 \text{（kW）}$$

又因 [1] 李洪．机械加工工艺手册中表 3.1-73 中铣床的机床功率为 7.5kW，若取效率为 0.85，则 $7.5 \times 0.85 = 6.375$（kW），$P_m = 6.62$（kW），可知 6.375kW＞6.62kW。

故重查 [1] 李洪．机械加工工艺手册中表 3.1-74 铣床主轴转速，选择主轴转速为 118r/min，则

$$v_{粗} = \frac{\pi D n}{1000} = 3.14 \times 200 \times 118 \div 1000 = 74.1 \text{（m/min）}$$

将其代入公式得：

$$P_m = 167.9 \times 10^{-5} \times 3.5^{0.9} \times 0.2^{0.74} \times 168 \times 10 \times 118 \div 60 \times 1 \approx 5.2 \text{（kW）}$$

因 5.2kW＜6.375kW，故机床功率足够。

4.4.2　工序 10 钻扩铰孔 $2 \times \phi 9F9$ 与钻孔 $4 \times \phi 13\text{mm}$

4.4.2.1　工序加工余量校核

孔 $2 \times \phi 9F9$ 扩、铰余量参考 [1] 李洪．机械加工工艺手册中表 2.3-48 扩镗铰孔余量，取 $z_扩 = 0.9\text{mm}$，$z_铰 = 0.1\text{mm}$，由此可算出 $z_钻 = 9 \div 2 - 0.9 - 0.1 = 3.5$（mm）。

孔 $4 \times \phi 13\text{mm}$ 因一次钻出，故其钻削余量为 $z_钻 = 13 \div 2 = 6.5$（mm）。

各工步的余量和工序尺寸及公差见表 5。

表 5　各工步的余量和工序尺寸及公差　　　　　　　　　　　　mm

加工表面	加工方法	余量	公差等级	工序尺寸
$2 \times \phi 9F9$	钻孔	3.5	—	$\phi 7$
$2 \times \phi 9F9$	扩孔	0.9（单边）	H10	$\phi 8.8^{+0.058}_{0}$
$2 \times \phi 9F9$	铰孔	0.1（单边）	F9	$\phi 9^{+0.049}_{+0.013}$
$4 \times \phi 13$	钻孔	6.5	—	$\phi 13$

孔和孔之间的位置尺寸如（140 ± 0.05）mm，以及 $\boxed{140}$（方框代表理论正确尺寸）mm、$\boxed{142}$ mm、$\boxed{40}$ mm、$4 \times \phi 13\text{mm}$ 孔的位置度要求均由钻模保证。与 $2 \times \phi 80\text{mm}$ 孔轴线相距尺寸（66 ± 0.2）mm 因基准重合，无须换算。

沿 $2 \times \phi 80\text{mm}$ 孔轴线方向的定位是以两孔的内侧面用自定心机构实现的（方案详见图 10 钻扩铰 $2 \times \phi 9F9$ 与 $4 \times \phi 13\text{mm}$ 的钻床夹具装配图）。这种方案有利于保证两内侧中心面与 R、Q 两端面的中心面重合，外形对称。所以 $2 \times \phi 9F9$ 两孔连心线至内侧中心面的距离尺寸 $X_{G-中}$ 需经过计算。其工艺尺寸链如

图 5 所示。

图 5 中，$X_{N-内侧}$ 为零件图上 R 面与内侧尺寸 $38_{-1.1}^{\ 0}$ mm，是封闭环。$X_{内侧-中}$ 为内腔尺寸（92 ± 1）mm 的一半，即为（46 ± 0.5）mm；X_{R-G} 为零件图上销孔连线与 R 面的尺寸（115 ± 0.1）mm。用概率法计算如下：

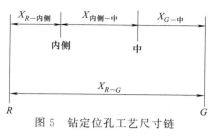

图 5 钻定位孔工艺尺寸链

$$X_{R-内侧}=38_{-1.1}^{\ 0}=37.45\pm0.55 \quad (\text{mm})$$

因为　　$X_{R-内侧}=X_{R-G}-X_{内侧-中}-X_{G-中}$

所以　　$X_{G-中}=X_{R-G}-X_{内侧-中}-X_{R-内侧}=115-46-37.45=31.55 \quad (\text{mm})$

又　　$T_{R-内侧}^2=T_{R-G}^2+T_{内侧-中}^2+T_{G-中}^2$

所以　　$T_{G-中}=\sqrt{T_{R-内侧}^2-T_{R-G}^2-T_{内侧-中}^2}=\sqrt{1.1^2-0.2^2-1^2}\approx0.412 \quad (\text{mm})$

故　　$X_{G-中}=31.55\pm0.206=31.55\pm0.2 \quad (\text{mm})$

4.4.2.2　切削用量计算

（1）钻 $4\times\phi13$mm 孔和钻 $2\times\phi7$mm 孔时的切削用量计算

高速钢钻头钻孔时的进给量由［1］李洪．机械加工工艺手册中表 2.4-38 查出，结合 Z3025 机床说明书，取钻 $4\times\phi13$mm 孔的进给量 $f=0.4$mm/r，取钻 $2\times\phi7$mm 孔的进给量 $f=0.3$mm/r。

高速钢钻头切削时的切削速度、扭矩及轴向力由［1］李洪．机械加工工艺手册中表 2.4-41 查出，用插入法求得钻 $\phi13$mm 孔的切削速度 $v=0.445$m/s$=26.7$m/min，由此算出转速为

$$n=\frac{1000v}{\pi d}=1000\times26.7\div(3.14\times13)\approx654 \quad (\text{r/min})$$

按机床实际转速取 $n=630$r/min，则实际切削速度为

$$v=\frac{\pi Dn}{1000}=3.14\times13\times630\div1000\approx25.7 \quad (\text{m/min})$$

同理，用插入法求得钻 $\phi7$mm 孔的 $v=0.435$m/s$=26.1$m/min，由此算出转速为

$$n=\frac{1000v}{\pi d}=1000\times26.1\div(3.14\times7)=1187 \quad (\text{r/min})$$

按机床实际转速取 $n=1000$r/min，则实际切削速度为 $v=3.14\times7\times1000\div1000\approx22$（m/min）。

高速钢钻头在 HT200 零件上钻孔时的轴向力、扭矩计算公式由"［1］李洪．机械加工工艺手册"表 2.4-69 得出：

$$F_{\text{f}}=9.81\times42.7d_0f^{0.8}K_{\text{f}}$$

$$M=9.81\times0.021d_0^2f^{0.8}K_{\text{M}}$$

分别求出钻 $\phi13$mm 孔的 F_{f} 和 M 及钻 $\phi7$mm 孔的 F_{f} 和 M 如下：

$$F_{f\phi 13}=9.81\times 42.7\times 13\times 0.4^{0.8}\times 1=2616\ (\mathrm{N})$$
$$M_{\phi 13}=9.81\times 0.021\times 13^2\times 0.4^{0.8}\times 1=16.72\ (\mathrm{N\cdot m})$$
$$F_{f\phi 7}=9.81\times 42.7\times 7\times 0.3^{0.8}\times 1=1119\ (\mathrm{N})$$
$$M_{\phi 7}=9.81\times 0.021\times 7^2\times 0.3^{0.8}\times 1\approx 4\ (\mathrm{N\cdot m})$$

由 [1] 李洪．机械加工工艺手册中表 3.1-30 查得 Z3025 摇臂钻床的最大进给力和机床的最大扭转力矩分别为 7840N 和 196N·m。以上计算的钻削 $\phi13$mm 孔和钻 $\phi7$mm 孔时的轴向力 F_f、扭矩 M 均小于机床的最大进给力 7840N 和机床的最大扭转力矩 196N·m，故机床刚度足够。

(2) 扩 $2\times\phi8.8$mm 孔时的切削用量计算

用 YG8 硬质合金钻头钻扩削 HT200 零件上 $2\times\phi8.8$mm 孔时的进给量由 [1] 李洪．机械加工工艺手册中表 2.4-50 查出，并参考机床实际进给量，取 $f=0.3$mm/r（因扩的是盲孔，所以进给量取得较小）。

根据经验参数，扩孔的切削速度为 $\left(\dfrac{1}{3}\sim\dfrac{1}{2}\right)v_{钻}$，故取 $v_{扩}=\dfrac{1}{2}v_{钻}=\dfrac{1}{2}\times 22=11$（m/min）。由此算出转速 $n=\dfrac{1000v}{\pi d}=\dfrac{1000\times 11}{3.14\times 8.8}=398$（r/min）。按机床实际转速取 $n=400$r/min。

(3) 铰削 $2\times\phi9F9$ 孔时的切削用量计算

① 铰孔进给量的选取

当用机用铰刀铰削 HT200 上的 $2\times\phi9F9$ 时，由 [1] 李洪．机械加工工艺手册中表 2.4-58 可以查出，铰孔的进给量取 $f=0.3$mm/r（因铰的是盲孔，所以进给量取得较小）。

② 铰孔切削速度的选取与机床转速选择

当用高速钢铰刀铰削 HT200 上的 $2\times\phi9F9$ 时，由 [1] 李洪．机械加工工艺手册中表 2.4-60 查出，取铰孔的切削速度为 $v=0.3$（m/s）$=18$（m/min）。由此算出转速 $n=\dfrac{1000v}{\pi d}=1000\times 18\div(3.14\times 9)=636.9$（r/min）。

按机床实际转速取 $n=630$r/min，则实际切削速为
$$v=3.14\times 9\times 630\div 1000=17.8\ (\mathrm{m/min})$$

4.4.3　工序 25 粗镗

4.4.3.1　工序加工余量校核

查本书表 4-33 基孔制 8 级公差等级（H8）孔的加工余量，粗镗以后的直径为 $\phi79.5$mm，故两孔的精镗余量为
$$Z_{A精}=Z_{B精}=(80-79.5)\div 2=0.25\ (\mathrm{mm})$$
又已知　　　　$Z_{A总}=Z_{B总}=3-0.25=2.75\ (\mathrm{mm})$。

粗镗及粗镗工序的余量、工序尺寸及公差见表 6。

表6　镗孔余量和工序尺寸及公差 mm

加工表面	加工方法	余量	公差等级	工序尺寸及公差
$2 \times \phi 80$	粗镗	2.75	H10	$\phi 79.5^{+0.120}_{0}$
$2 \times \phi 80$	粗镗	0.25	H7	$\phi 80^{+0.030}_{0}$

4.4.3.2　定位误差分析与精度提高

因粗、精镗孔时都以 N 面及两销钉定位，故孔与 N 面之间的粗镗工序尺寸（47.5 ± 0.08）mm、精镗工序尺寸（46 ± 0.05）mm、平行度 0.07mm 以及与一销孔之间的尺寸（66 ± 0.2）mm 均系基准重合，所以不需做尺寸链计算。

两孔的同轴度 $\phi 0.04$mm 由机床保证。

(1) 与 R 及 Q 面的垂直度 $\phi 0.1$mm

与 R 及 Q 面的垂直度 $\phi 0.1$mm 是间接获得的。在垂直方向，它由 $2 \times \phi 80$mm 孔轴线与 N 面的平行度 0.07mm 及 R 和 Q 面对 N 面的垂直度来保证。取一极限位置（图6）计算精铣 R 及 Q 面工序中 Q 面对 N 面的垂直度公差 $X_{Q-N\text{垂}}$。

图6中，$Y_{\text{孔}-Q\text{垂}}$ 为孔轴线对 Q 面的垂直度 $\phi 0.1$mm，它是封闭环；$Y_{\text{孔}-N\text{平}}$ 为孔轴线对 N 面的平行度 0.07mm，$Y_{Q-N\text{垂}}$ 为 Q 面对 N 面在 168mm 长度上的垂直度。

因在精铣 R 和 Q 面及精镗 $2 \times \phi 80$mm 孔两工序中，面和孔轴线的位置都做到极限位置的情况很少，故用概率法计算此尺寸链，使加工容易。

因为　　$Y_{\text{孔}-Q\text{垂}} = \sqrt{(Y_{\text{孔}-N\text{平}})^2 + (Y_{Q-N\text{垂}})^2}$

所以　　$Y_{Q-N\text{垂}} = \sqrt{(Y_{\text{孔}-Q\text{垂}})^2 - (Y_{\text{孔}-N\text{平}})^2} = \sqrt{0.1^2 - 0.07^2} \approx 0.07$（mm）

在图中，因为 $\angle BAC = \angle EDF$

所以　　$\dfrac{CB}{CA} = \dfrac{FE}{FD}$

则　　$X_{Q-N\text{垂}} = FE = \dfrac{CB \cdot FD}{CA} = 0.07 \times (46 + 55) \div 168 \approx 0.04$（mm）

同理，R 面与 N 面的垂直度公差也应为 0.04mm。

(2) $2 \times \phi 80$mm 孔轴线对定位销孔连线的垂直度

$2 \times \phi 80$mm 孔轴线与 R 面的垂直度 $\phi 0.1$mm 在水平方向是由 R 面对定位销孔连线的平行度 0.06mm 及 $2 \times \phi 80$mm 孔对定位销孔连线的垂直度保证的。取一极限位置（图7）计算精镗 $2 \times \phi 80$mm 孔工序中 $2 \times \phi 80$mm 孔轴线对定位销孔连线的垂直度公差 $Y_{\text{孔}-G\text{垂}}$。

图7中，$Y_{\text{孔}-R\text{垂}}$ 为孔轴线对 R 面的垂直度 $\phi 0.1$mm，它是封闭环；$X_{R-G\text{平}}$ 为 R 面对定位销孔连线的平行度 0.06mm。由于 $\triangle ABC \cong \triangle EFH$，所以，$Y_{R-G\text{平}} = X_{R-G\text{平}}$。同理，也用概率法计算此尺寸链如下：

因为　　$Y_{\text{孔}-R\text{垂}} = \sqrt{(Y_{R-G\text{平}})^2 + (Y_{\text{孔}-G\text{垂}})^2}$

所以　　$Y_{\text{孔}-G\text{垂}} = \sqrt{(Y_{\text{孔}-R\text{垂}})^2 - (Y_{R-G\text{平}})^2} = \sqrt{0.1^2 - 0.06^2} = 0.08$（mm）

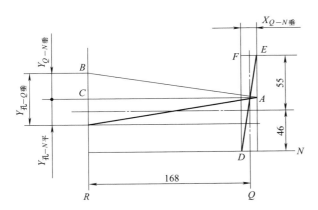

图 6　Q 面对 N 面的垂直度尺寸链

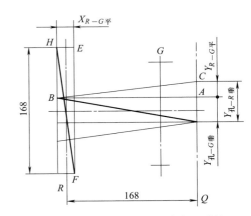

图 7　孔对销孔连线的垂直度尺寸链

$Y_{孔-G垂}$ 受两定位销孔与定位销配合间隙而引起的转角误差的影响如图 8 所示。

（3）分析定位副的定位精度

① 设计两定位销。

按零件图给出的尺寸，两销孔为 $2 \times \phi 10F9$，即 $2 \times \phi 10^{+0.049}_{+0.013}$ mm；中心距尺寸为 (140 ± 0.05) mm。

取两定位销中心距尺寸为 (140 ± 0.015) mm。

按基轴制常用配合，取孔与销的配合为 $\dfrac{F9}{h9}$，即圆柱销为 $\phi 10h9 = \phi 10^{\ 0}_{-0.036}$ mm。

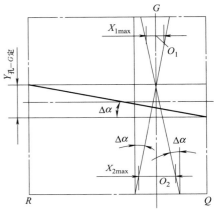

图 8　定位副的转角误差

由 [14] 柳青松．机床夹具设计与应用．第 2 版中表 1-8 削边销的尺寸，取菱形销的 $b = 4$mm，$B = 8$mm。

因为　　　$\alpha = \dfrac{\delta_{L_D} + L_d}{2} = (0.05 + 0.015) \times 2 \div 2 = 0.065$（mm）

所以，菱形销最小间隙为 $X_{2min} = \dfrac{2ab}{D_{2min}} = 2 \times 0.065 \times 4 \div (10 + 0.013) = 0.052$（mm）

菱形销最大直径为 $d_{2max} = D_{2min} - X_{2min} = 10.013 - 0.052 = 9.961$（mm）

故菱形销为 $d_2 = \phi 9.961h9 = \phi 9.961^{\ 0}_{-0.036} = \phi 10^{-0.039}_{-0.075}$（mm）

② 计算转角误差。

$\tan\Delta\alpha = \dfrac{X_{1max} + X_{2max}}{2L} = [(0.049 + 0.036) + (0.049 + 0.075)] \div (2 \times 140)$

≈ 0.0007（mm）

由 $\Delta\alpha$ 引起的定位误差　$Y_{孔-G定} = 168 \times \tan\Delta\alpha = 168 \times 0.0007 \approx 0.118$（mm）

该项误差大于工件公差，即 0.118mm > 0.08mm，故该方案不可行。

同理，该转角误差也影响精铣 R 面时，R 面对两销孔连线的平行度 0.06mm，此时定位误差也大于工件公差，即 0.118mm＞0.06mm，故该方案也不可行。

解决上述定位精度问题的方法是尽量提高定位副的制造精度。如将 $2×\phi10F9$ 孔提高精度至 $2×\phi10F7$，两孔中心距尺寸（140±0.05）mm 提高精度至（140±0.03）mm，并相应提高两定位销的径向尺寸及两销中心距尺寸的精度，这样定位精度能大大提高，所以工序 35"精扩铰 $2×\phi10F9$ 孔并提高精度至 $2×\phi10F7$"对保证加工精度有着重要作用。此时，经误差计算平方和公式校核，可满足精度要求。

4.4.3.3 切削用量计算

粗镗孔时因余量为 2.75mm，故 a_p＝2.75mm。

由［1］李洪．机械加工工艺手册中表 2.4-180 镗孔切削用量选取 v＝0.4（m/s）＝24（m/min）。

取进给量为 f＝0.2mm/r。

$$n=\frac{1000v}{\pi d}=1000×24÷(3.14×79.5)=96(\text{r/min})。$$

查［1］李洪．机械加工工艺手册中表 2.4-21 车削时切削力及切削功率的计算公式得：

$$F_z=9.81×60^{n_{FZ}}·C_{FZ}·a_p^{X_{FZ}}·f^{Y_{FZ}}·v^{n_{FZ}}·k_{FZ}$$

$$P_m=F_z v×10^{-3}$$

取 C_{FZ}＝180，X_{FZ}＝1，Y_{FZ}＝0.75，n_{FZ}＝0，k_{FZ}＝1

则　　　$F_z=9.81×60^0×180×2.75^1×0.2^{0.75}×0.4^0×1=1453.4$（N）

　　　　$P_m=1453.4×0.4×10^{-3}=0.58$（kW）

取机床效率为 0.85，则 $1.5×0.85=1.27\text{kW}＞0.58\text{kW}$，故机床功率足够。

精镗孔时，因余量为 0.25mm，故 a_p＝0.25mm。

查［1］李洪．机械加工工艺手册中表 2.4-180，取 v＝1.2（m/s）＝72（m/min），取 f＝0.12mm/r。

$$n=\frac{1000v}{\pi d}=1000×72÷(3.14×80)≈287（\text{r/min}）。$$

4.4.4 工序 20 铣凸台面工序

凸台面因要求不高，故可以一次铣出，其工序余量即等于总余量 4mm。

凸台面距 $S\phi30H9$ 孔球面中心 $6_{0}^{+0.2}$mm，这个尺寸是在扩铰 $S\phi30H9$ 孔时直接保证的。球面中心（设计基准）距 $2×\phi80$mm 孔轴线（工艺基准）（100±0.05）mm 则为间接保证的尺寸。本工序工艺基准与设计基准不重合，有基准不重合误差。

铣凸台面时应保证的工序尺寸为凸台面距 $2×\phi80$mm 孔轴线的距离 X_{D-B}，其工艺尺寸链如图 9 所示。

图 9 中 X_{S-B}＝（100±0.5）mm，X_{S-D}＝$6_{0}^{+0.2}$mm，用竖式法计算，见表 7。

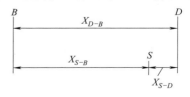

图 9 铣凸台面工艺尺寸链

表 7　工序 20 铣凸台面工序尺寸链计算

基 本 尺 寸	上 偏 差	下 偏 差
增环 106	+0.5	−0.3
减环−6	0	−0.2
封闭环 100	+0.5	−0.5

注：方框表示理论正确尺寸。

所以　　　$X_{D-B}=106^{+0.5}_{-0.3}$mm

本工序的切削用量及其余较次要工序设计略。

4.4.5　工序 10 的时间定额计算

根据本次设计要求，只计算老师指定的一道工序工时，下面计算工序 10 的时间定额。

(1) 机动时间

查 [2] 李益民 . 机械制造工艺设计简明手册中表 6.2-5 钻削机动时间的计算公式得钻孔的计算公式为

$$t_j=\frac{l+l_1+l_2}{fn}$$

$$l_1=\frac{D}{2}\cot k_r+(1\sim2)$$

$l_2=1\sim4$，钻盲孔时 $l_2=0$

钻 $4\times\phi13$mm 孔，$l_1=\frac{13}{2}\cot\left(\frac{118}{2}\right)^\circ+1.5\approx5.4$（mm），$l=19.5$mm，取 $l_2=3$mm。将以上数据及前面已选定的 f 及 n 代入公式，得

$$t_j=(19.5+5.4+3)\div(0.4\times630)\approx0.11（\text{min}）$$
$$4t_j=4\times0.11=0.44（\text{min}）$$

钻 $2\times\phi7$mm 孔，$l_1=\frac{7}{2}\cot\left(\frac{118}{2}\right)^\circ+1.5\approx3.6$(mm)，$l=11.5$mm，取 $l_2=0$。

将以上数据及前面已选定的 f 及 n 代入公式，得

$$t_j=(11.5+3.6+0)\div(0.3\times1000)\approx0.05（\text{min}）$$
$$2t_j=2\times0.05=0.1（\text{min}）$$

查 [2] 李益民 . 机械制造工艺设计简明手册中表 6.2-5 钻削机动时间的计算公式得扩孔和铰孔的计算公式为：

$$t_j=\frac{l+l_1+l_2}{fn}，l_1=\frac{D-d_1}{2}\cot k_r+(1\sim2)，扩盲孔和铰盲孔时，l_2=0。$$

扩 $2\times\phi8.8$mm 孔：$l_1=(8.8-7)\div2\cot\left(\frac{118}{2}\right)^\circ+1.5\approx2$(mm)，$l=11.5$mm，$l_2=0$。

将以上数据及前面已选定的 f 及 n 代入公式，得

$$t_j = (11.5 + 2 + 0) \div (0.3 \times 400) \approx 0.11 \ (\text{min})$$
$$2t_j = 2 \times 0.11 = 0.22 \ (\text{min})$$

铰 $2 \times \phi 9\text{mm}$ 孔：$l_1 = (9 - 8.8) \div 2\cot\left(\dfrac{90}{2}\right)^{\circ} + 1.5 = 1.6(\text{mm})$，$l = 11.5\text{mm}$，$l_2 = 0$。

将以上数据及前面已选定的 f 及 n 代入公式，得
$$t_j = (11.5 + 1.6 + 0) \div (0.3 \times 630) \approx 0.07 \ (\text{min})$$
$$2t_j = 2 \times 0.07 = 0.14 \ (\text{min})$$

总机动时间 $t_{j\text{总}}$ 也就是基本时间 T_b 为
$$T_b = 0.44 + 0.1 + 0.22 + 0.14 = 0.9 \ (\text{min})$$

（2）辅助时间

① 各工步辅助时间。查［1］李洪．机械加工工艺手册中表 2.5-41 钻床有关工步辅助时间确定的辅助时间如表 8 所示。

表 8　辅助时间

min

操作内容	每次需用时间	钻 $4 \times \phi 13\text{mm}$ 操作次数	时间	钻 $2 \times \phi 7\text{mm}$ 操作次数	时间	扩 $2 \times \phi 8.8\text{mm}$ 操作次数	时间	铰 $2 \times \phi 9\text{mm}$ 操作次数	时间
主轴变速	0.025			1	0.025	1	0.025	1	0.025
变速进给量	0.025	1	0.025	1	0.025				
移动摇臂	0.015	4	0.06	2	0.03	1	0.015	1	0.015
升降钻杆	0.015	4	0.06	2	0.03	2	0.03	2	0.03
装卸套筒刀具	0.06	1	0.06	1	0.06	1	0.06	1	0.06
卡尺测量	0.1	4	0.4	1	0.2	2	0.2		
塞规测量	0.25							2	0.5
开停车	0.015								
主轴运转	0.02								
清除切屑	0.04								

各工步的辅助时间为：钻 $4 \times \phi 13\text{mm}$ 孔 0.605min、钻 $2 \times \phi 7\text{mm}$ 孔 0.37min、扩 $2 \times \phi 8.8\text{mm}$ 孔 0.33min、铰 $2 \times \phi 9\text{mm}$ 孔 0.63min。

② 装卸工件时间。查［1］李洪．机械加工工艺手册中表 2.5-42 钻床的装卸工件时间取 1.5min。

所以，钻孔的辅助时间 T_a 为
$$T_a = 0.605 + 0.37 + 0.33 + 0.63 + 0.015 + 0.02 + 0.04 + 1.5 = 3.51 \ (\text{min})$$

（3）作业时间 T_B
$$T_B = T_b + T_a = 0.9 + 3.51 = 4.41 \ (\text{min})$$

（4）布置工作地、休息和生理需要时间 T_{Sr}

查［2］李益民．机械制造工艺设计简明手册中表 6.3-36 布置工作地、休息和生理需要时间，使用摇臂钻床其布置工作地、休息和生理需要时间 T_{Sr} 共占作业时间 T_B 的百分比为 17.4%，则
$$T_{Sr} = T_B \times 17.4\% = 4.41 \times 17.4\% = 0.767 \ (\text{min})$$

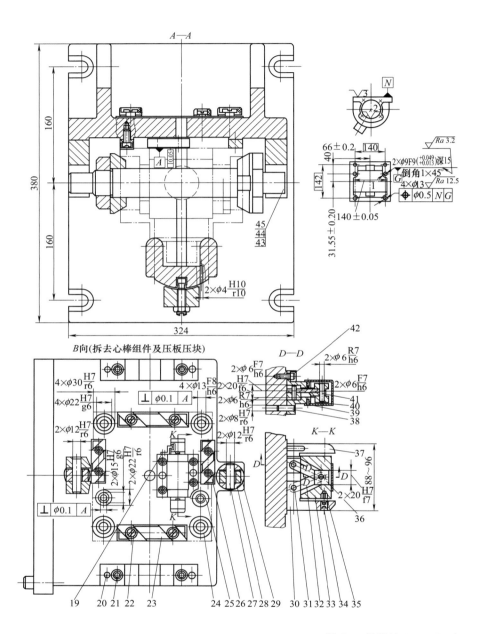

图 10 钻扩铰 2×φ9F9 与

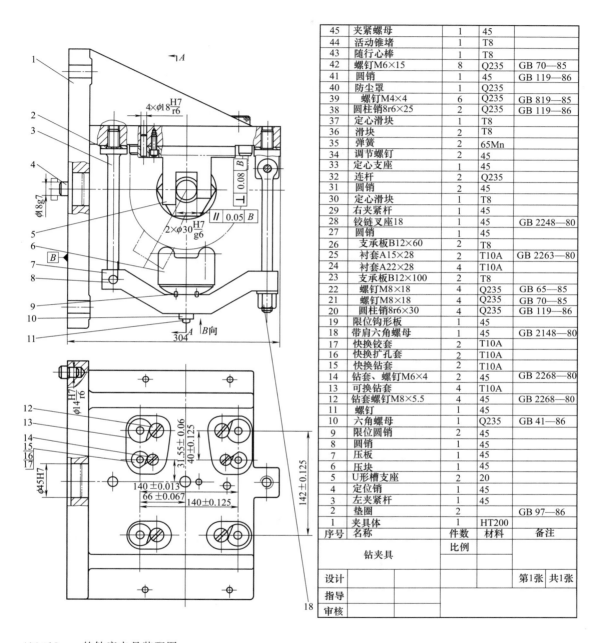

$4 \times \phi 13\text{mm}$ 的钻床夹具装配图

45	夹紧螺母	1	45	
44	活动锥堵	1	T8	
43	随行心棒	1	T8	
42	螺钉M6×15	8	Q235	GB 70—85
41	圆销	1	45	GB 119—86
40	防尘罩	1	Q235	
39	螺钉M4×4	6	Q235	GB 819—85
38	圆柱销8r6×25	2	Q235	GB 119—86
37	定心滑块	1	T8	
36	滑块	2	T8	
35	弹簧	2	65Mn	
34	调节螺钉	2	45	
33	定心支座	1	45	
32	连杆	2	Q235	
31	圆销	2	45	
30	定心滑块	1	T8	
29	右夹紧杆	1	45	
28	铰链叉座18	1	45	GB 2248—80
27	圆销	1	45	
26	支承板B12×60	2	T8	
25	衬套A15×28	2	T10A	GB 2263—80
24	衬套A22×28	4	T10A	
23	支承板B12×100	2	T8	
22	螺钉M8×18	4	Q235	GB 65—85
21	螺钉M8×18	4	Q235	GB 70—85
20	圆柱销8r6×30	4	Q235	GB 119—86
19	限位钩形板	1	45	
18	带肩六角螺母	1	45	GB 2148—80
17	快换铰套	2	T10A	
16	快换扩孔套	2	T10A	
15	快换钻套	2	T10A	
14	钻套、螺钉M6×4	2	45	GB 2268—80
13	可换钻套	4	T10A	
12	钻套螺钉M8×5.5	4	45	GB 2268—80
11	螺钉	1	45	
10	六角螺母	1	Q235	GB 41—86
9	限位圆销	2	45	
8	圆销	1	45	
7	压板	1	45	
6	压块	1	45	
5	U形槽支座	2	20	
4	定位销	1	45	
3	左夹紧杆	1	45	
2	垫圈	2		GB 97—86
1	夹具体	1	HT200	
序号	名称	件数	材料	备注
		比例		

钻夹具

设计			第1张	共1张
指导				
审核				

（5）准备与终结时间 T_e

查 ［1］李洪．机械加工工艺手册中表 2.5-44 钻床准备终结时间，取各部分时间为：

a. 中等件 33min；b. 升降摇臂 1min；c. 深度定位 0.3min；d. 使用回转夹具 10min；e. 试铰刀 7min。

由题目已知生产批量为 6000 件，则：$T_e/n = (33+1+0.3+10+7) \div 6000 \approx 0.008$（min）

（6）单件时间 T_P
$$T_P = T_b + T_a + T_{Sr} = 0.9 + 3.51 + 0.767 = 5.177 \text{（min）}$$

（7）单件计算时间 T_C
$$T_C = T_P + T_e/n = 5.177 + 0.008 = 5.185 \text{（min）}$$

4.4.6　填写机械加工工艺过程卡和机械加工工序卡

机械加工工艺过程卡和机械加工工序卡见附表 1、附表 2。

4.5　夹具设计

本次设计的夹具为第 10 道工序——钻扩铰 $2 \times \phi 9F9$ 孔、孔口倒角 $C1$，钻 $4 \times \phi 13mm$ 孔夹具，该夹具适用于 Z3025 摇臂钻。

4.5.1　确定设计方案

这道工序所加工的孔均在 N 面上，且与 N 面垂直。按照基准重合原则，并考虑到目前只有 N 面经过加工，为避免重复使用粗基准，应以 N 面定位。又为避免钻头引偏，$4 \times \phi 13mm$ 孔应从 N 面钻孔，且 $2 \times \phi 9F9$ 孔是盲孔，也只能从 N 面加工，这就要求钻孔时 N 面必须朝上，这给装夹工件带来了一定的困难。

从对工件的结构形状分析，若工件以 N 面朝下放置在支承板上，定位夹紧都比较稳定、可靠，也容易实现。待夹紧后将夹具翻转 180°，N 面就能朝上，满足加工要求。这个翻转过程可以借助于标准的卧式回转工作台来实现。夹具以夹具体安装面和定位孔、定位销定位，用 T 形槽螺栓连接。

工件以 N 面在夹具上定位，限制了 3 个自由度，其余 3 个自由度也必须限制。用哪种方案合理呢？

方案 1：在 $2 \times \phi 80H7$ 的 B 孔内插入一削边销限制一个移动自由度；再以 B 孔内侧面用两个支承钉限制一个移动自由度和一个转动自由度。这种定位方案从定位原理上分析是合理的，夹具结构也很简单。但由于 B 孔和其内侧面均为毛坯面，又因结构原因，夹紧力不宜施加在这样的定位元件上，故工件定位面和定位元件之间很可能会接触不好，使定位不稳定。这个方案不宜采用。

方案 2：见图 10，用一根两头带反锥形的芯轴插入 $2 \times \phi 80mm$ 毛坯孔中并夹紧。将芯轴两端的轴颈放入两U形槽中定位，限制一移动自由度和一转动自由度。此外以 $2 \times \phi 80mm$ 毛坯孔的两内侧面在自定心机构上定位，限制一个移动自由度。这种方案定位可靠，夹紧也很方便，用一铰链压板压在工件 $R80mm$ 外圆上即可。

本道工序与前道粗铣 N 面工序共用一根芯轴，这根"随行芯轴"在铣完 N 面后立即连同工件一同转入本道工序，其间不得重新卸装芯轴，待本道工序加工完后，方可卸下芯轴，否则将违背粗基准一般只用一次的原则，从而影响 N 面各孔与 $2 \times \phi 80mm$ 孔轴线的位置精度。

本道工序的夹具因需要回转，若采用气动或液压夹紧，则气管或油管会妨碍操作，故选用手动夹紧，使夹具简单，操作方便。

4.5.2　计算夹紧力并确定螺杆直径

由 [14] 柳青松．机床夹具设计与应用．第 2 版中表 2-3 螺旋压板施力方式，因夹具的夹紧力与切削力方向相反，实际所需夹紧力 $F_{夹}$ 与切削力 F 之间的关系为 $F_{夹}=KF$。式中，K 为安全系数。参考 [14] 柳青松．机床夹具设计与应用．第 2 版，当夹紧力与切削力方向相反时，取 $K=3$。由前面的计算可知 $F=2616N$。

所以　　　$F_{夹}=KF=3 \times 2616=7848$（N）

由于采用铰链压板，其受力如图 11 所示。

由图中可知，$F_0=F_{夹}=7848 \div 2=3924$（N）。

查 [17] 王光斗，王春福．机床夹具设计手册．第 3 版中表 1-2-24 各种螺栓的许用夹紧力及夹紧扭矩，从强度考虑，因一个 M10 螺栓能承受 3924N 的许用夹紧力，所以用 M10 螺栓完全能满足强度要求。但从夹具的刚度及整体结构的对称性考虑，选用 M16 螺栓。

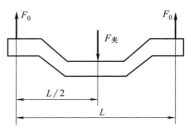

图 11　压板受力图

4.5.3　定位精度分析

$4 \times \phi 13mm$ 孔及 $2 \times \phi 9F9$ 孔是在一次装夹下完成加工的，它们之间的位置精度由钻模保证。因 $4 \times \phi 13mm$ 孔的位置度为 $\phi 0.5mm$，与其有关的夹具尺寸如 140mm、142mm、40mm 的尺寸公差参考 [3] 艾兴，肖诗纲．切削用量简明手册．第 3 版中表 1-10-1，取工件公差的 1/4，即夹具尺寸公差为 $\pm 0.125mm$。

同理，$2 \times \phi 9F9$ 孔相距（140 ± 0.05）mm，故取夹具钻模板上相应的钻套孔相距（140 ± 0.013）mm。

芯轴两轴颈与 U 形槽的配合，查阅 [18] 吴拓．简明机床夹具设计手册中表 1-9 夹具上常用配合的选择中"无引导作用但有相对运动的元件间"工作形

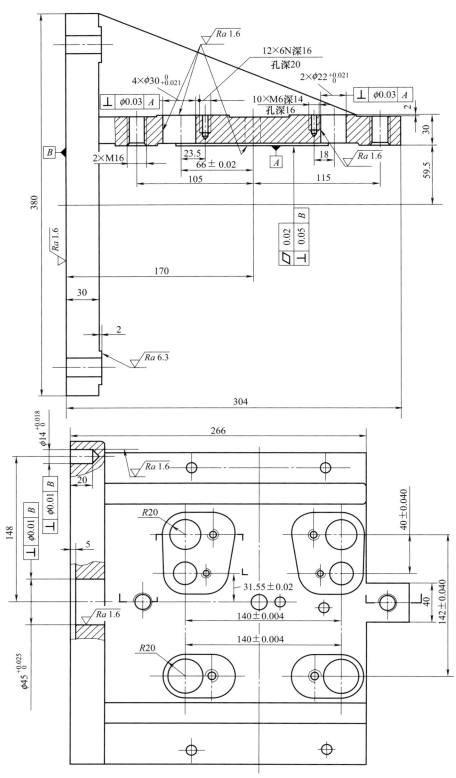

图 13 钻扩铰 2×φ9F9 与

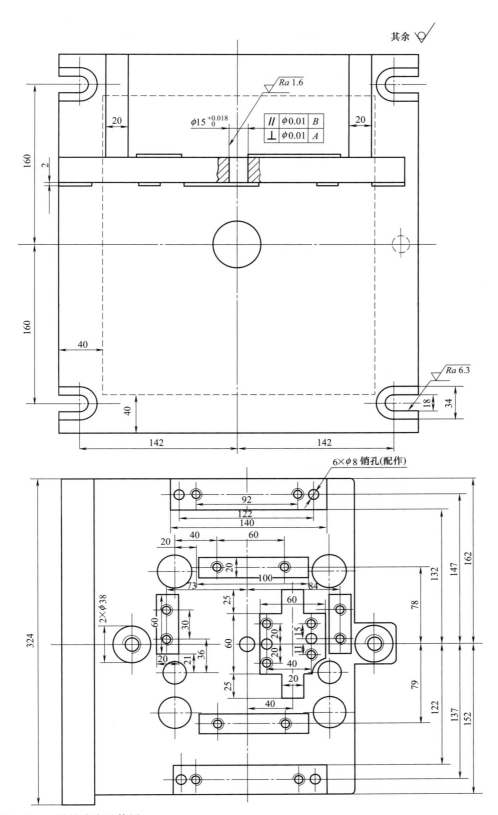

其余 ∨

Ra 1.6

$\phi15^{+0.018}_{0}$

∥	$\phi0.01$	B
⊥	$\phi0.01$	A

20

20

160

2

160

40

40

142

142

18

34

Ra 6.3

6×ϕ8 销孔(配作)

92

122

140

20

40

60

20

20

73

100

84

25

60

132

147

162

2×ϕ38

60

30

60

15

78

36

20

21

20

20

324

60

40

25

79

40

20

122

137

152

4×ϕ13mm 的钻床夹具体图

式，选 $\dfrac{40\mathrm{H}7\ (40\mathrm{H}7^{+0.025}_{\ \ 0})}{\phi 40\mathrm{f}9^{-0.025}_{-0.087}}$ 最大配合间隙为（＋0.025mm）－（－0.087mm）＝ 0.112mm，配合时，两轴颈与 U 形槽接触的极端状况如图 12 所示。

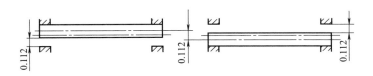

图 12　芯轴与 U 形槽的定位误差

芯轴轴线相对 U 形槽的最大位移量为±0.112÷2＝±0.056（mm）。它不应超过工件公差的 1/3，即±0.2÷3＝±0.067mm。故尺寸（66±0.20）mm 可以保证。实际上这一公差还可以放大。因为 2×ϕ80mm 孔轴线位置最终是以两销孔定位后精镗孔确定的。

查［14］柳青松．机床夹具设计与应用．第 2 版中表 6-1 钻套的配合公差带的选择，选取：

① 衬套与夹具体模板的配合为 H7/r6；

② 钻套、扩孔套和铰套与衬套的配合为 H7/g6；

③ 钻、扩孔时刀具与导套内孔的配合为 F8/h6；

④ 铰孔时取刀具与导套内孔的配合为 G7/h6。

此外，夹具上还应标注下列技术要求：

① 钻套轴线与定位面的垂直度 ϕ0.1mm；

② 定位面的平面度 0.05mm；定位面与夹具安装面的垂直度 0.08mm；

③ 两 U 形槽中心平面与夹具安装面的平行度 0.05mm；

④ 夹具定位孔与卧轴转台定位销的配合 ϕ45H7/g6mm，夹具定位销与卧轴转台 T 形槽的配合为 18H8/ϕ18g7。

4.5.4　操作说明

将连同工件的心棒置于两 U 形槽中，使工件上的 N 面平稳置于支承板上，两内侧面与定心机构紧密接触。用铰链压板将工件夹紧。

操作回转工作台，将工件和夹具翻转 180°，加工 4×ϕ13mm 孔，再加工 2×ϕ9F9孔。钻、扩、铰要分别换相应的快换导套。然后再将工件和夹具翻转 180°，松开铰链压板，取下工件并卸下心棒。

本次设计中还按老师的要求画出了夹具体的零件图，具体结构见图 13。

5 心 得 体 会

  两周的机械制造工艺与机床夹具课程设计即将结束，我们在这两周内完成了工艺编制、夹具设计等任务。经过我们小组成员的共同努力，我们圆满地完成了任务，在这期间，我们学到了很多，经历了许多，收获也很大。

  首先，我感觉对自己的专业有了一个更深层次的了解，从一开始的"老虎吞天无从下口"到后来的"拨开乌云见青天"，一步一个脚印地走了过来。每次迷茫的消除、每次困难的克服都是一次进步，每次完成老师交给的任务，就仿佛打了一次胜仗，心中的喜悦是没有经历过这样实训的人无法体会到的。

  这次的机制工艺综合实训是我们在校期间的最后一次实训课，它结合了我们所学的大部分基础课与专业课，是我们在进行毕业设计之前对所学各科课程的一次深入的综合性链接，是我们毕业设计前的一次大练兵，也是一次理论联系实际的综合实训。

  这门课程设计工作量大，很多东西都很烦琐，特别是在加工工艺方面，一次又一次地修改工艺过程卡片和工序卡片，最终完成后有一种很特别的成就感。接下来的夹具设计，小组各成员都有自己的想法，意见存在着分歧，于是我们请老师给予指点，在老师的带领下，我们一步一步进行分析，找出了各自的优点与不足，并综合考虑了老师所提的参考意见，最后终于定下了设计方案。整个设计过程真的很有收获，无论是团队精神还是理论知识的提升，都是一次很好的锻炼。当看到自己的设计作品时，心中的喜悦真是难以用语言来形容，这增强了我们的自信心。

  通过这次机械制造工艺与机床夹具课程设计，我深深地体会到，做任何事情都必须耐心、细致。态度决定一切，而认真是第一态度。设计过程中，许多问题真的很棘手，查手册很麻烦，有时真的希望自己懒一下，不必查手册，可是这又不符合标准，所以做什么事情都要一板一眼，不能好像，更不能差不多。这次实训让我学到了很多的东西，不仅是知识面得到了拓展，更多的是让我知道了团队的重要性以及团结协作的重要性。这两周的课程让我记住了，以后的工作中不能存在"差不多""大概""可能"这样的字眼，更不能有这样的想法，要养成认真地完成每一步的良好习惯，为今后的工作打下一个坚实的基础。

  最后，我衷心地感谢老师，这次综合实训真的收获很多，感谢老师的指导！在工艺编制、夹具设计的过程中，老师总是一遍一遍地给我们讲解，不厌其烦地解答着我们的疑问，工艺编制、夹具设计的每个细节和每个数据，都离不开老师的悉心指导，在老师的帮助下，我能够很顺利地完成这次综合设计及实训。同时感谢帮助过我的小组成员，谢谢你们对我的帮助和支持。

附表 1　犁刀变速齿轮箱体零件机械加工工艺过程卡

	机械加工工艺过程卡		产品型号	旋耕机		零（部）件图号		共 2 页	第 1 页
			产品名称	旋耕机		零（部）件名称	犁刀变速齿轮箱体		

材料牌号	HT200	毛坯种类	铸件	毛坯外形尺寸	177mm×168mm×150mm	每毛坯可制件数		每台件数	1	备注	

工序号	工序名称	工序内容	车间	工段	设备	工艺装备	工时（准终）	工时（单件）
		铸造	铸					
		时效	热					
		涂漆	表					
5	粗铣	粗铣 N 面	金工		X52K	专用铣床夹具		
10	钻扩铰	钻扩铰 2×φ10F7 孔至 2×φ9F9，孔口倒角 C1　钻 4×φ13mm 孔	金工		Z3025	专用钻床夹具	51.3	4.67
15	粗铣	粗铣 R 面及 Q 面	金工		组合机床			
20	铣	铣凸台面	金工		X52K	专用铣床夹具		
25	粗镗	粗镗 2×φ80mm 孔，孔口倒角 C1	金工		组合机床	专用镗床夹具		
30	精铣	精铣 N 面	金工		X62W	专用铣床夹具		
35	精扩铰	精扩铰 2×φ10F9 孔至 2×φ10F7	金工		Z3025	专用钻床夹具		
40	精铣	精铣 R 面及 Q 面	金工		组合机床	专用铣床夹具		
45	精镗	精镗 2×φ80mm 孔	金工		组合机床	专用镗床夹具		
50	钻	钻 φ20mm 孔，扩铰 Sφ30H9 球形孔，钻 4×M6 螺纹底孔　并孔口倒角 C1，攻螺纹 4×M6-6H	金工		Z3025	专用钻床夹具		
55	锪平面	锪平面 4×φ22mm	金工		Z3025	专用钻床夹具		
60	钻	钻 8×M12 螺纹底孔，并孔口倒角 C1　铰 2×φ8N8，孔口倒角 C1	金工		Z3025	专用钻床夹具		

				设计（日期）	审核（日期）	标准化（日期）	会签（日期）

标记	处数	更改文件号	签字	日期	标记	处数	更改文件号	签字	日期

描图　描校　底图号　装订号

机械加工工艺过程卡			产品型号		旋耕机	零（部）件图号			共 2 页	第 2 页
			产品名称			零（部）件名称	犁刀变速齿轮箱体		备注	
材料牌号	HT200	毛坯种类	铸件	毛坯外形尺寸	177mm×168mm×150mm	每毛坯可制件数	1	每台件数	1	
工序号	工序名称		工序内容		车间	工段	设 备	工 艺 装 备		工 时
									准终	单件
65	攻螺纹 8×M12-6H				金工		Z3025	专用攻螺纹夹具		
70	检验				检					
75	入库									
				设计（日期）		审核（日期）	标准化（日期）	会签（日期）		
描 图										
描 校										
底图号										
装订号										
	标记	处数	更改文件号	签字	日期	标记	处数	更改文件号	签字	日期

附表 2　犁刀变速齿轮箱体零件机械加工工序卡

机械加工工序卡		产品型号		零(部)件图号			共 13 页	第 1 页
		产品名称	旋耕机	零(部)件名称	犁刀变速齿轮箱体			

车间	工序号	工序名称	材料牌号
	5	粗铣 N 面	HT200

毛坯种类	毛坯外形尺寸	每毛坯可制件数	每台件数
铸件	177mm×168mm×150mm	1	1

设备名称	设备型号	设备编号	同时加工件数
立式铣床	X52K		1

夹具编号	夹具名称	工位器具编号	工位器具名称	切削液
	专用夹具 粗铣 N 面夹具			

工序工时	
准终	单件

$\sqrt{Ra\,12.5}$

47.5 ± 0.08

工步号	工步内容	工艺装备	主轴转速 /(r/min)	切削速度 /(m/min)	进给量 /(mm/r)	切削深度 /mm	进给次数	工步工时	
								机动	辅助
1	粗铣 N 面	专用铣床夹具 随行芯轴 φ200mm 可转位面铣刀	118	74.1	2	3.5	1		

				设计(日期)	审核(日期)	标准化(日期)	会签(日期)
描图							
描校							
底图号							
装订号							
标记	处数	更改文件号	签字	日期	标记	处数	更改文件号	签字	日期

154

机械加工工序卡	产品型号		零(部)件图号		第 2 页
	产品名称	旋耕机	零(部)件名称	犁刀变速齿轮箱体	共 13 页	材料牌号 HT200

车间 | 工序号 10 | 工序名称 钻扩铰 2×φ9mm, 钻 4-φ13mm

毛坯种类 铸件 | 毛坯外形尺寸 177mm×168mm×150mm | 每毛坯可制件数 1 | 每台件数 1

设备名称 摇臂钻 | 设备型号 Z3025 | 设备编号 | 同时加工件数 1

夹具编号 | 夹具名称 钻 N 面孔夹具 | 切削液

工位器具编号 | 工位器具名称 | 工序工时 准终／单件

工步号	工步内容	工艺装备	主轴转速/(r/min)	切削速度/(m/min)	进给量/(mm/r)	切削深度/mm	进给次数	机动	辅助
1	钻 4×φ13mm 孔	专用钻床夹具	630	25.7	0.4	6.5	1	0.44	0.605
2	钻 2×φ7mm 孔	φ500mm 卧轴分度台	100	22	0.3	3.5	1	0.1	0.37
3	扩孔 2×φ8.8$^{+0.058}_{0}$mm 并孔口倒角 C1	φ13mm,φ7mm 麻花钻	400	11	0.3	0.9	1	0.33	0.33
4	铰孔 2×φ9$^{+0.049}_{+0.013}$mm	φ8.8mm 孔扩孔钻	630	17.8	0.3	0.1	1	0.14	0.63
		φ9F9 孔铰刀							
		φ9F9 塞规							

设计(日期) 审核(日期) 标准化(日期) 会签(日期)

标记 处数 更改文件号 签字 日期 标记 处数 更改文件号 签字 日期

155

机械加工工序卡

	产品型号		旋耕机		零(部)件图号			第 3 页
	产品名称				零(部)件名称	犁刀变速齿轮箱体		共 13 页

	车间	工序号	工序名称	材料牌号
		15	粗铣 R 和 Q 面	HT200

毛坯种类	毛坯外形尺寸	每毛坯可制件数	每台件数
铸件	177mm×168mm×150mm	1	

设备名称	设备型号	设备编号	同时加工件数
组合机床			1

夹具编号	夹具名称	切削液
	粗铣 R 和 Q 面夹具	

工位器具编号	工位器具名称	工序工时	
	粗铣 R 和 Q 面夹具	准终	单件

$\sqrt{Ra\ 12.5}$ ($\sqrt{}$)

$169^{+0.4}_{0}$ A 115.5±0.1 R Q

工步号	工步内容	工艺装备	主轴转速 /(r/min)	切削速度 /(m/min)	进给量 /(mm/r)	切削深度 /mm	进给次数	工步时间	
								机动	辅助
1	粗铣 R 及 Q 面	粗铣 R 和 Q 面夹具 φ160mm 可转位铣刀	120	60	2	R 面 3.5 Q 面 4.5	1		

			设计(日期)	审核(日期)	标准化(日期)	会签(日期)
描 图						
描 校						
底图号						
装订号						
	标记	处数	更改文件号	签字	日期	
	标记	处数	更改文件号	签字	日期	

机械加工工序卡		产品型号		犁刀变速齿轮箱体		共 13 页	第 4 页
		产品名称	旋耕机	零(部)件图号			材料牌号 HT200
				零(部)件名称		工序名称 铣凸台面	
		车间		工序号 20	毛坯外形尺寸 177mm×168mm×150mm	每毛坯可制件数 1	每台件数 1
		毛坯种类 铸件					同时加工件数 1
		设备名称 立式机床		设备型号 X52K	设备编号		
		夹具编号			夹具名称 铣凸台面夹具		切削液
		工位器具编号			工位器具名称		

图(工步示意图): $106^{+0.5}_{-0.3}$，47.5 ± 0.08，$30°$，$\sqrt{Ra\,12.5}$ $(\sqrt{})$

工步号	工步内容	工艺装备	主轴转速 /(r/min)	切削速度 /(m/min)	进给量 /(mm/r)	切削深度 /mm	进给次数	工步工时	
								机动	辅助
1	铣凸台面	铣凸台面夹具 φ80mm莫氏锥柄面铣刀	300	75.4	1.2	4	1		

	设计(日期)	审核(日期)	标准化(日期)	会签(日期)

标记	处数	更改文件号	签字	日期	标记	处数	更改文件号	签字	日期

描图　描校　底图号　装订号

157

续表

机械加工工序卡

机械加工工序卡	产品型号		零(部)件图号			第 5 页
	产品名称	旋耕机	零(部)件名称	犁刀变速齿轮箱体	共 13 页	材料牌号 HT200

车间	工序号 25	工序名称 粗镗 2×φ80mm 孔并倒角
毛坯种类 铸件	毛坯外形尺寸 177mm×168mm×150mm	每毛坯可制件数 1 · 每台件数 1
设备名称 组合机床	设备型号 · 设备编号	同时加工件数 1
夹具编号	夹具名称 粗镗孔夹具	切削液
工位器具编号	工位器具名称	工序工时 准终 · 单件

$\sqrt{Ra\ 12.5}$ (√)

φ79.5H10($^{+0.120}_{0}$) 47.5±0.08 66±0.2 2×C1

工步号	工步内容	工艺装备	主轴转速 /(r/min)	切削速度 /(m/min)	进给量 /(mm/r)	切削深度 /mm	进给次数	工步工时 机动	辅助
1	粗镗孔 2×φ80mm 孔并倒角	镗杆,镗刀,倒角刀 φ79.5H10 塞规	96	24	0.2	2.75	1		

		设计(日期)	审核(日期)	标准化(日期)	会签(日期)
描 图					
描 校					
底图号					
装订号	标记 处数 更改文件号 签字 日期	标记 处数 更改文件号 签字 日期			

机械加工工序卡	产品型号		零(部)件图号		共13页	第6页
	产品名称	旋耕机	零(部)件名称	犁刀变速齿轮箱体		

车间		工序号	30	工序名称	精铣N面	材料牌号	HT200
毛坯种类	铸件	毛坯外形尺寸	177mm×168mm×150mm	每毛坯可制件数	1	每台件数	1
设备名称	卧式铣床	设备型号	X62W	设备编号		同时加工件数	1
夹具编号		夹具名称	精铣N面夹具			切削液	
		工位器具编号		工位器具名称		工序工时	准终 / 单件

√Ra 6.3 (√)

46±0.05

0.05

A   N   1   2   3

工步号	工步内容	工艺装备	主轴转速 /(r/min)	切削速度 /(m/min)	进给量 /(mm/r)	切削深度 /mm	进给次数	工步工时	
								机动	辅助
1	精铣N面	精铣N面夹具 φ200mm可转位面铣刀 刀口尺	300	188.4	0.5	1.5	1		
			设计(日期)	审核(日期)	标准化(日期)	会签(日期)			
	标记	处数	更改文件号	签字	日期	标记	处数	更改文件号	签字 日期

描图

描校

底图号

装订号

159

机械加工工序卡

产品型号		旋耕机	零(部)件图号			第 7 页
产品名称		旋耕机	零(部)件名称	犁刀变速齿轮箱体		共 13 页

车间	工序号	工序名称	材料牌号
	35	扩铰 2×φ10mm 孔	HT200

毛坯种类	毛坯外形尺寸	每毛坯可制件数	每台件数
铸件	177mm×168mm×150mm	1	1

设备名称	设备型号	设备编号	同时加工件数
摇臂钻	Z3025		1

夹具编号	夹具名称	切削液
	扩铰 2×φ10mm 孔夹具	

工位器具编号	工位器具名称	工序工时	
		准终	单件

$$2×\phi10F7(^{+0.028}_{+0.015})\ \overline{\underline{\vee}}10$$

115.5±0.1　66±0.2　140±0.03

$$\sqrt{Ra\ 1.6}\ (\sqrt{\ \ })$$

工步号	工步内容	工艺装备	主轴转速 /(r/min)	切削速度 /(m/min)	进给量 /(mm/r)	切削深度 /mm	进给次数	工步时间 机动	工步时间 辅助
1	扩铰 2×φ9.9 F9 孔	扩铰 2×φ10mm 孔夹具 φ9.9mm 扩孔钻	400	12.4	0.3	0.95	1		
2	精铰 2×φ10F7 孔	φ10H7 铰刀 φ10H7 塞规	630	19.8	0.3	0.05	1		

	设计(日期)	审核(日期)	标准化(日期)	会签(日期)
描图				
描校				
底图号				
装订号				

标记	处数	更改文件号	签字	日期	标记	处数	更改文件号	签字	日期

续表

机械加工工序卡	产品型号		零(部)件图号			共13页	第8页
机械加工工序卡	产品名称	旋耕机	零(部)件名称	犁刀变速齿轮箱体	工序号 40	工序名称 精铣R及Q面	材料牌号 HT200

车间	工序号	工序名称	材料牌号
	40	精铣R及Q面	HT200
毛坯种类 铸件	毛坯外形尺寸 177mm×168mm×150mm	每毛坯可制件数 1	每台件数 1
设备名称 组合机床	设备型号	设备编号	同时加工件数 1
夹具编号	夹具名称 精铣R及Q面夹具		切削液
工位器具编号	工位器具名称		工序工时 准终 / 单件

115±0.1 $168^{+0.15}_{0}$ $\sqrt{Ra\,3.2}$ ∥ 0.06 G ∥ 0.055 ⊥ 0.04 N

工步号	工步内容	工艺装备	主轴转速/(r/min)	切削速度/(m/min)	进给量/(mm/r)	切削深度/mm	进给次数	工步工时 机动	辅助
1	精铣R及Q面	精铣R及Q面夹具 φ160mm可转位面铣刀 专用检具	200	120	1.2	0.5	1		

			设计(日期)	审核(日期)	标准化(日期)	会签(日期)
标记	处数	更改文件号	签字	日期	标记 处数 更改文件号 签字 日期	

描图 描校 底图号 装订号

161

机械加工工序卡		产品型号		零(部)件图号		共 13 页	第 9 页
		产品名称	旋耕机	零(部)件名称	犁刀变速内齿轮箱体	工序名称	精镗 2×φ80H7 孔	材料牌号	HT200

	车间	工序号	毛坯外形尺寸	每毛坯可制件数	每台件数
		45	177mm×168mm ×150mm	1	1
	毛坯种类	设备名称	设备型号	设备编号	同时加工件数
	铸件	组合机床			1
		夹具编号	夹具名称		切削液
			精镗 2×φ80H7 孔夹具		
		工位器具编号	工位器具名称		工序工时
					准终	单件

工步号	工步内容	工艺装备	主轴转速 /(r/min)	切削速度 /(m/min)	进给量 /(mm/r)	切削深度 /mm	进给次数	工步时间	
								机动	辅助
1	精镗 2×φ80H7 孔	精镗 2×φ80H7 孔夹具 镗杆与微调镗刀 φ80H7 塞规 专用检具	287	72	0.12	0.25	1		

			设计(日期)	审核(日期)	标准化(日期)	会签(日期)
描 图						
描 校						
底图号						
装订号						
标记	处数	更改文件号	签字	日期	标记	处数	更改文件号	签字	日期

机械加工工序卡

	产品型号		零(部)件图号	
	产品名称	旋耕机	零(部)件名称	犁刀变速齿轮箱体	共13页 第10页

车间	工序号	工序名称	材料牌号
	50	凸台面各孔钻、攻螺纹与球形孔	HT200

毛坯种类	毛坯外形尺寸	每毛坯可制件数	每台件数
铸件	177mm×168mm×150mm	1	1

设备名称	设备型号	设备编号	同时加工件数
摇臂钻	Z3025		1

夹具编号	夹具名称	切削液
	钻扩铰凸台凸台面孔夹具	

工位器具编号	工位器具名称	工序工时 准终	单件

$\sqrt{Ra\ 3.2}$ $S\phi 30H9(^{+0.052}_{0})$ $\sqrt{Ra\ 3.2}$
$\phi 30$ $\phi 20$ $6^{+0.2}_{0}$
$4\times M6-6H \overline{\tau}12$ $\oplus \boxed{\phi 0.5\ |C|}$ $\overline{\tau}14$
(100 ± 0.5) $26^{+0.05}_{0}$ $30°$ 3孔 $\sqrt{Ra\ 12.5}$ ($\sqrt{}$)
28 3 D

工步号	工步内容	工艺装备	主轴转速/(r/min)	切削速度/(m/min)	进给量/(mm/r)	切削深度/mm	进给次数	工步工时 机动	辅助
1	钻 φ20mm孔	钻扩铰凸台凸台面孔夹具	400	25	0.4	10	1		
2	扩 Sφ30H9球形孔至扩 Sφ29.8H10	φ5mm 和 φ20mm 麻花钻	400	37.4	0.3	4.9	1		
3	铰 Sφ30H9球形孔至尺寸	φ29.8mm球形扩孔钻	630	47	0.3	0.1	1		
4	钻 4×M6螺纹底孔 φ5mm并孔口倒角 C1	φ30H9球形铰刀	1000	15.7	0.3	2.5	1		
5	攻螺纹 4×M6-6H	M6 丝锥	125	2.4	1	0.5	1		

设计(日期)	审核(日期)	标准化(日期)	会签(日期)

	标记	处数	更改文件号	签字	日期	标记	处数	更改文件号	签字	日期
描图										
描校										
底图号										
装订号										

163

<table>
<tr><td rowspan="2">机械加工工序卡</td><td colspan="2">产品型号</td><td></td><td>旋耕机</td><td colspan="2">零(部)件图号</td><td></td><td colspan="2">犁刀变速齿轮箱体</td><td>第 11 页</td></tr>
<tr><td colspan="2">产品名称</td></tr>
</table>

	车间	工序号	工序名称	材料牌号
		55	锪 4×φ22mm 平面	HT200

毛坯种类	毛坯外形尺寸	每毛坯可制件数	每台件数
铸件	177mm×168mm×150mm	1	1

设备名称	设备型号	设备编号	同时加工件数
摇臂钻	Z3025		1

夹具编号	夹具名称	切削液
	锪 4×φ22mm 平面夹具	

工位器具编号	工位器具名称	工序工时	
		准终	单件

$\sqrt{Ra\,12.5}\ (\sqrt{\ })$

锪 4×φ22mm 平面

$E-E$
4×φ22
刮平

工步号	工步内容	工艺装备	主轴转速 /(r/min)	切削速度 /(m/min)	进给量 /(mm/r)	切削深度 /mm	进给次数	工步工时	
								机动	辅助
1	锪 4×φ22mm 平面	φ22mm 专用锪钻	400	27.6	0.12	4.5	1		

					设计(日期)	审核(日期)	标准化(日期)	会签(日期)
描 图								
描 校								
底图号								
装订号								
	标记	处数	更改文件号	签字	日期	标记	处数	更改文件号	签字	日期

続表

机械加工工序卡

产品型号		零(部)件图号	
产品名称	旋耕机	零(部)件名称	犁刀变速齿轮箱体	第12页 共13页

车间	工序号	工序名称	材料牌号
	60	钻铰 R、Q 面各孔	HT200

毛坯种类	毛坯外形尺寸	每毛坯可制件数	每台件数
铸件	177mm×168mm×150mm	1	1

设备名称	设备型号	设备编号	同时加工件数
摇臂钻	Z3025		1

夹具编号	夹具名称		切削液
	钻铰 R、Q 面各孔夹具		

工位器具编号	工位器具名称

图示：
$\sqrt{Ra\,3.2}$　φ8N8($^{+0.003}_{-0.025}$)▼12　⊕ φ0.1 A　孔口倒角C0.5
$\sqrt{Ra\,3.2}$　φ8N8($^{+0.003}_{-0.025}$)▼12　⊕ φ0.1 B　孔口倒角C0.5
D　φ8N8　⊕ φ0.1 B
4×φ10.2▼28　⊕ φ0.5 R B D　孔口倒角C1
4×φ10.2▼28　⊕ φ0.5 A F　孔口倒角C1
47　50°　φ102　$\sqrt{Ra\,12.5}$ ($\sqrt{}$)

工步号	工步内容	工艺装备	主轴转速 /(r/min)	切削速度 /(m/min)	进给量 /(mm/r)	切削深度 /mm	进给次数	工步工时 机动	辅助
							准终		
1	钻 R 面 4×M12 螺纹底孔为 φ10.2mm、孔口倒角	钻铰 R、Q 面各孔夹具	630	20	0.3	5.1	1		
2	钻 R 面 φ10.2N8 至 φ7.9N9	φ7mm 和 φ10.2mm 麻花钻	1000	24	0.3	3.5	1		
3	钻 Q 面 4×M12 螺纹底孔为 φ10.2mm、孔口倒角	φ7.9mm 扩孔钻	630	15.6	0.3	0.45	1		
4	钻 Q 面 φ10.2N8 至 φ7.9N9	φ8N8 铰刀　φ8N8 塞规	630	15.8	0.3	0.05	1		

	设计(日期)	审核(日期)	标准化(日期)	会签(日期)

描图
描校
底图号
装订号

标记	处数	更改文件号	签字	日期	标记	处数	更改文件号	签字	日期

165

机械加工工序卡

产品型号		零（部）件图号	
产品名称	旋耕机	零（部）件名称	犁刀变速齿轮箱体	共 13 页	第 13 页

车间	工序号	工序名称	材料牌号
	65	攻 8×M12-6H 螺纹	HT200

毛坯种类	毛坯外形尺寸	每毛坯可制件数	每台件数
铸件	177mm×168mm×150mm	1	1

设备名称	设备型号	设备编号	同时加工件数
摇臂钻	Z3025		1

夹具编号	夹具名称	切削液
	攻 8×M12-6H 螺纹夹具	

工位器具编号	工位器具名称	工序工时	
	攻 8×M12-6H 螺纹	准终	单件

8×M12-6H ▽22
两端

工步号	工 步 内 容	工 艺 装 备	主轴转速 /(r/min)	切削速度 /(m/min)	进给量 /(mm/r)	切削深度 /mm	进给次数	工步时间	
								机动	辅助
1	攻 R 面 4×M12-6H 螺纹	M12 丝锥	125	4.7	1.75	0.9	1		
2	攻 Q 面 4×M12-6H 螺纹								

			设计（日期）	审核（日期）	标准化（日期）	会签（日期）

描图							
描校							
底图号							
装订号							
	标记	处数	更改文件号	签字	日期	标记	处数	更改文件号	签字	日期

166

参 考 文 献

［1］　李洪. 机械加工工艺手册［M］. 北京：机械工业出版社，1990.

［2］　李益民. 机械制造工艺设计简明手册［M］. 北京：机械工业出版社，2011.

［3］　艾兴，肖诗纲. 切削用量简明手册［M］. 第3版. 北京：机械工业出版社，2004.

［4］　张纪真. 机械制造工艺标准应用手册［M］. 北京：机械工业出版社，1997.

［5］　李云. 机械制造工艺及设备设计指导手册［M］. 北京：机械工业出版社，1997.

［6］　杨叔子. 机械加工工艺师手册［M］. 北京：机械工业出版社，2002.

［7］　孙本绪，熊万武. 机械加工余量手册［M］. 北京：国防工业出版社，1999.

［8］　徐鸿本. 机床夹具设计手册［M］. 沈阳：辽宁科学技术出版社，2004.

［9］　GB/T 7714—2015.《信息与文献参考文献著录规则》排写格式［S］. 北京：中国标准出版社，2005.

［10］　王先逵. 机械加工工艺手册　第1卷　工艺基础卷［M］：（第2版）. 北京：机械工业出版社，2007.

［11］　王家珂. 机械零件加工工艺编制［M］. 北京：机械工业出版社，2016.

［12］　周益军，王家珂. 机械加工工艺编制及专用夹具设计［M］. 北京：高等教育出版社，2012.

［13］　柳青松. 机械设备制造技术［M］. 西安：西安电子科技大学出版社，2007.

［14］　柳青松. 机床夹具设计与应用［M］. 第2版. 北京：化学工业出版社，2014.

［15］　柳青松. 机床夹具设计与应用实例［M］. 北京：化学工业出版社，2018.

［16］　柳青松，王树凤. 机械制造基础［M］. 北京：机械工业出版社，2017.

［17］　王光斗，王春福. 机床夹具设计手册［M］. 第3版. 上海：上海科学技术出版社，2000.

［18］　吴拓. 简明机床夹具设计手册［M］. 北京：化学工业出版社，2010.

附表一　定位销轴零件的机械加工工艺过程卡

		机械加工工艺过程卡		产品型号			零(部)件图号			共 1 页	第 1 页
				产品名称			零(部)件名称	定位销轴			

材料牌号	T10A	毛坯种类	棒料	毛坯外形尺寸	φ35mm×175mm	每毛坯可制件数	5	每台件数	1	备注	

工序号	工序名称	工序内容	车间	工段	设备	工艺装备	工时(准终)	工时(单件)
5	下料	棒料 φ35mm×175mm	材料库		带锯			
10	粗车	夹毛坯的一端外圆,粗车外圆尺寸全长 φ24mm,长度为 24mm,端面见平即可。继续车外圆尺寸至 φ33mm,长度为 9mm,粗糙度为 Ra12.5μm	机加工		CA6140A	三爪卡盘,车刀,中心钻,卡尺		
15	粗车	调头,夹已加工外圆尺寸 φ24mm,车另一端各部,保证尺寸为 φ21mm,保证总长为 32mm	机加工		CA6140A	三爪卡盘,车刀,中心钻,卡尺		
20	精车	以 φ21mm 外圆定位夹紧车外圆 φ24mm 尺寸全长 $\phi 20^{+0.4}_{+0.3}$ mm,长度为 10mm,车退刀槽 φ18mm×2mm,总长为 $10^{+0.4}_{+0.3}$ mm,车端面,将尺寸 φ33mm 车至图纸尺寸 φ30mm,钻中心孔 A2	机加工		CA6140A	三爪卡盘,车刀,中心钻,卡尺		
25	精车	以 $\phi 18^{+0.4}_{+0.3}$ mm 外圆定位夹紧(垫上铜皮),车另一端外圆至 $\phi 20^{+0.4}_{+0.3}$ mm。车 φ30mm 外圆处定位销轴总长尺寸为 30mm;车小头 φ15mm 处锥度;切退刀槽 φ16mm×2mm,钻中心孔 A2,长度为 $5^{+0.4}_{+0.3}$ mm,保证定位销轴总长尺寸	机加工		CA6140A	三爪卡盘,车刀,中心钻,卡尺		
30	检验	按工艺要求检查车后尺寸	检验室		检验台			
35	热处理	热处理 55~60HRC	热处理车间					
40	磨	修研两端中心孔,并以两中心孔定位装夹工件,磨削两轴径 $\phi 20^{+0.018}_{0}$ mm 和 $\phi 18^{+0.018}_{0}$ mm 至图样尺寸,并磨削两端面,保证垂直度	机加工		M1434A	棕刚玉砂轮,外径千分尺		
45	清洗	清洗零件	机加工					
50	检验	成品检验(按产品图检验)	检验室					

				设计(日期)	审核(日期)	标准化(日期)	会签(日期)
标记	处数	更改文件号	签字	日期	标记	处数	更改文件号	签字	日期

168

附表二 凸轮轴零件的机械加工工艺过程卡

机械加工工艺过程卡		产品型号		零(部)件图号			共 2 页	第 1 页
		产品名称		零(部)件名称	凸轮轴			
材料牌号	45	毛坯种类	锻件	毛坯外形尺寸	φ45mm×220mm	每毛坯可制件件数	每台件数 1	备注

工序号	工序名称	工序内容	车间	工段	设备	工艺装备	工时(准终)	工时(单件)
5	备料	锻件，毛坯尺寸 φ45mm×220mm						
10	热处理	退火	外协					
15	车	端面及外圆的粗车，外圆留余量 2mm，端面留余量 2mm	外协					
20	车	车基准 A 一端，保证总长（201±0.2）mm，车基准 A 外圆至 φ28.5$_{-0.03}^{0}$ mm×38$_{0}^{+0.1}$ mm，车第一处外圆至 φ29mm×25$_{0}^{+0.1}$ mm，车右凸轮外圆至 φ35.2$_{-0.05}^{0}$ mm×20mm，钻中心孔，倒角	机加工		CA6140A	车刀、车床夹具		
25	车	车基准 B 一端，保证总长（200±0.5）mm，保证长度 82$_{0}^{+0.1}$ mm 及右凸轮厚度（10±0.1）mm，车左凸轮外圆至 35.2$_{-0.05}^{0}$ mm，车第二处外圆 φ29mm 及端面，车第三处外圆厚度（12±0.1）mm，车大外圆尺寸（50±0.1）mm 及左凸轮 φ30.5$_{-0.03}^{0}$×（1.0±0.1）mm，车基准 B 外圆 φ29mm 及端面，车第四处外圆 φ30.5$_{-0.05}^{0}$ mm 及端面，保证长度尺寸（24±0.1）mm，钻中心孔，倒角	机加工		CA6140A	车刀、车床夹具、中心钻、卡尺、外径千分尺		
30	车	仿形车凸轮的外形，留磨削余量 0.5mm	机加工		CA6140A	仿形车刀、车床夹具、卡尺		
35	铣	铣削半圆形槽，半径为 R14mm，槽宽 5$_{+0.01}^{+0.02}$ mm，槽深 5$_{0}^{+1}$ mm	机加工		X62W	φ28mm×5mm 盘铣刀、铣床夹具、卡尺		
40	磨	粗磨 φ30.5mm，φ40.5mm 和 φ28.5mm 的外圆，分别留磨削余量 0.4mm	机加工		M1434A	磨床夹具、棕刚玉砂轮、外径千分尺		
45	检验	按工艺要求检查热处理前的零件尺寸	检验室		检验台			
50	热处理	淬火 40~45HRC	外协					

			设计（日期）	审核（日期）	标准化（日期）	会签（日期）
描图						
描校						
底图号						
装订号						
标记	处数	更改文件号	签字	日期		
标记	处数	更改文件号	签字	日期		

169

续表

机械加工工艺过程卡

		产品型号			零(部)件图号		共2页
		产品名称			零(部)件名称 凸轮轴		第2页

毛坯种类 锻件　毛坯外形尺寸 φ45mm×220mm　每毛坯可制件数　每台件数 1

材料牌号 45

工序号	工序名称	工序内容	车间	工段	设备	工艺装备	工时(准终/单件)	备注
55	磨	修磨两端中心孔						
60	粗磨	磨φ30.5mm、φ40.5mm和φ28.5mm的外圆，分别留精磨余量0.15mm			M1434A	磨床夹具、棕刚玉砂轮、卡尺		
65	精磨	磨φ30.5mm、φ40.5mm和φ28.5mm的外圆至图纸尺寸，分别是$\phi 30^{-0.020}_{-0.041}$mm、$\phi 40^{+0.033}_{+0.017}$mm、$\phi 28^{0}_{-0.03}$mm			M1434A	磨床夹具、棕刚玉砂轮、外径千分尺		
70	磨	粗、精磨凸轮的外形至产品图纸尺寸			M1434A	磨床夹具、棕刚玉砂轮、外径千分尺、分尺、凸轮检具		
75	清洗	清洗零件						
80	检验	成品检验(按产品图纸检验)			检验台			
85	入库							

设计(日期)　审核(日期)　标准化(日期)　会签(日期)

标记 处数 更改文件号 签字 日期

描图　描校　底图号　装订号

170

附表三 活塞杆零件的机械加工工艺过程卡

		机械加工工艺过程卡	产品型号		零(部)件图号			共2页	第1页
			产品名称		零(部)件名称	活塞杆			
材料牌号	38CrMoA1A	毛坯种类	锻件	毛坯外形尺寸	φ62mm×1150mm		每毛坯可制件数	1	每台件数	1

工序号	工序名称	工序内容	车间	工段	设备	工艺装备	工时(准终/单件)	备注
5	下料	棒料 φ80mm×760mm						
10	锻造	自由锻成 φ62mm×1150mm						
15	热处理	退火						
20	划线	划两端中心孔线						
25	钳工	钻两端端中心孔 B2.5						
30	粗车	夹一端，顶尖顶另一端，粗车外圆至 φ55mm						
35	粗车	调头装夹工件，顶尖顶另一端中心孔，粗车外圆至 φ55mm 接工序6 加工处				CW6163		
40	热处理	调质处理 28~32HRC						
45	粗车	夹一端，中心架支承另一端，切下右端 6mm 做试片，进行金相组织检查，端面车平，钻中心孔 B2.5				CW6163		
50	粗车	调头装夹工件，中心架支撑另一端，车端面，保证总长 1090 mm，钻中心孔 B2.5				CW6163		
55	精车	两顶尖装夹工件，车工件右端 M39×2-6g，长 60mm，直径方向留加工余量 1mm，车 $\phi50_{-0.025}^{0}$ mm×770mm 时，要使用限位刀架，保证1:20的锥度，并留有加工余量 1mm				CW6163		
60	精车	调头两顶尖装夹工件，车另一端（左端）各部及螺纹 M39×2 -6g 长 100mm，直径方向留加工余量 1mm，六方处车至 φ48mm，并车六方与 $\phi50_{-0.025}^{0}$ mm 连接处的锥度				CW6163		
		设计（日期）	审核（日期）	标准化（日期）	会签（日期）			
标记	处数	更改文件号	签字	日期	标记	处数	更改文件号	签字	日期

171

机械加工工艺过程卡

| 产品型号 | | 产品名称 | | 零(部)件图号 | | 零(部)件名称 | 活塞杆 | 共2页 | 第2页 |

| 材料牌号 | 38CrMoAlA | 毛坯种类 | 锻件 | 毛坯外形尺寸 | ϕ62mm×1150mm | 每毛坯可制件数 | 每台件数 1 | 备注 | |

工序号	工序名称	工序内容	车间	工段	设备	工艺装备	工时(准终)	工时(单件)
65	磨	修研两中心孔				M1432A		
70	粗磨	两顶尖装夹工件,粗磨 $\phi50_{-0.025}^{0}$ mm×770mm,留磨量 0.08~0.10mm				M1433A		
75	粗磨	两顶尖装夹工件,粗磨 1:20 锥度,留磨量 0.1mm				M1434A		
80	车	两顶尖装夹工件,车右端螺纹 M39×2-6g,切槽 5mm×ϕ36mm,倒角 C2				CW6163		
85	车	调头两顶尖装夹工件,车左端螺纹 M39×2-6g,切槽 7mm×ϕ36mm,倒角 C2				CW6163		
90	磨	修研两中心孔						
95	半精磨	两顶尖装夹工件,半精磨 $\phi50_{-0.025}^{0}$ mm×770mm,留精磨量 0.04~0.05mm				M1434A		
100	半精磨	两顶尖装夹工件,半精磨 1:20 锥度,留精磨余量 0.04~0.05mm				M1434A		
105	热处理	渗氮处理 $\phi50_{-0.025}^{0}$ mm×770mm,深度为 0.25~0.35mm,渗氮时,工件应垂直吊挂;防止工件变形,另外螺纹部分均应安装保护套						
110	铣	铣六方至图样尺寸 41mm (47.3mm)				X5052,分度头		
115	精磨	两顶尖装夹工件,精磨 $\phi50_{-0.025}^{0}$ mm×770mm 至图样尺寸				M1434A		
120	精磨	两顶尖装夹工件,精磨 1:20 锥度至图样尺寸				M1434A		
125	检验	按图样检验各部尺寸						
130	入库	涂油包装入库						

			设计(日期)	审核(日期)	标准化(日期)	会签(日期)
标记	处数	更改文件号	签字	日期	标记	处数	更改文件号	签字	日期

描 图

描 校

底图号

装订号

附表四 偏心套零件的机械加工工艺过程卡

机械加工工艺过程卡		产品型号		零(部)件图号				共2页	第1页
		产品名称		零(部)件名称	偏心套				

材料牌号	GCr15	毛坯种类	锻件	毛坯外形尺寸	ϕ155mm(外圆)×ϕ45mm(内孔)×104mm	每毛坯可制作件数	1	每台件数	1	备注	

工序号	工序名称	工序内容	车间	工段	设备	工艺装备	工时 准终	工时 单件
5	下料	棒料 ϕ120mm×165mm	材料库房			锯床		
10	锻造	自由锻成 ϕ155mm(外圆)×ϕ45mm(内孔)×104mm	外协					
15	热处理	正火	外协					
20	粗车	夹毛坯外圆，粗车内孔至尺寸 ϕ55mm±0.05mm，粗车端面，见平即可。车外圆至 ϕ145mm，长45mm	机加工		车床	CA6140		
25	粗车	调头装夹。粗车外圆至 ϕ145mm，与上工序接刀，车端面，保证总长 95mm。在距端面 46mm 外车 $\phi100_{-0.5}^{0}$ mm 外至圆面，保证靠外的端面距离外端面为 43mm，槽宽 6mm，使槽靠外的端面距离外端面为 8mm，保证槽靠外的端面距离外端面为 42mm	机加工		车床	CA6140		
30	精车	调头，三爪自定心卡盘夹工件外圆，找正，保证 $\phi59_{-0.05}^{0}$mm。精车另一端，保证总长 92mm 至尺寸（此面为定位基准）。精车 $\phi100_{0}^{+0.5}$mm 圆至尺寸，并做标记（此面为定位基准）。精车 $\phi100_{0}^{+0.5}$mm 圆及两内侧向端面，使槽靠外的端面距离外端面为 8mm，保证槽靠外的端面距离外端面为 42mm	机加工		车床	CA6140		
35	钳	划键槽线（非标记端面）	检验平台		钳台			
40	插	以有标记的端面及外圆定位，按线找正，插键槽，保证尺寸 20mm±0.02mm 及 $64.5_{0}^{+0.02}$ mm 至尺寸 $64_{0}^{+0.15}$ mm	机加工		插床	B5020，插床夹具		
45	钳	修锉键槽毛刺	钳台		钳台			
50	精车	以 $\phi59_{-0.05}^{0}$mm 内孔及键槽定位，用专用偏心夹具夹工件。车偏心 $\phi120_{+0.020}^{+0.043}$mm 尺寸为 121.5mm，长 $42_{-0.5}^{-0.3}$ mm	机加工		车床	CA6140，车床夹具		

			设计（日期）	审核（日期）	标准化（日期）	会签（日期）
标记	处数	更改文件号	签字	日期		
标记	处数	更改文件号	签字	日期		

描图　描校　底图号　装订号

173

机械加工工艺过程卡

产品型号		零(部)件图号		共2页
产品名称		零(部)件名称	偏心套	第2页

材料牌号	毛坯种类	毛坯外形尺寸	每毛坯可制件数	每台件数	备注
GCr15	锻件	φ155mm(外圆)×φ45mm(内孔)×104mm	1	1	

工序号	工序名称	工序内容	车间	工段	设备	工艺装备	工时准终	工时单件
55	精车	以 $\phi59_{-0.05}^{\ 0}$ mm内孔及键槽定位，用专用偏心夹具装工件，车另一端 $\phi120_{+0.020}^{+0.043}$ mm尺寸至 $\phi121.5$ mm，长 $42_{-0.5}^{-0.3}$ mm			车床	CA6140、车床偏心夹具		
60	热处理	淬火 58~64HRC	外协					
65	热处理	冰冷处理	外协					
70	热处理	回火	外协					
75	磨	用专用偏心工装(或四爪单动卡盘)装夹工件 $\phi121.5$ mm外圆，按 $\phi59_{-0.05}^{\ 0}$ mm内孔找正，磨内孔至图样尺寸	机加工		内圆磨床	M2110A、专用磨床夹具		
80	钳	修锉键槽中氧化皮	机加工		钳台			
85	磨	以 $\phi60_{+0.020}^{+0.043}$ mm内孔、键槽和一端面定位装夹工件（专用可胀芯轴）。磨 $\phi120_{+0.020}^{+0.043}$ mm至图样尺寸，并靠磨此端外端，并保证总长 91mm。保证偏心盘的厚度 40mm为 41mm	机加工		万能外圆磨床	M1432A、专用磨床夹具		
90	磨	调头。以 $\phi60_{\ 0}^{+0.043}$ mm内孔、键槽和一端面定位装夹工件（专用可胀芯轴）。磨另一端 $\phi120_{+0.020}^{+0.043}$ mm至图样尺寸，并靠磨右端面，保证总长 90mm	机加工		万能外圆磨床	M1432A、专用磨床夹具		
95	磨	以 $\phi60_{\ 0}^{+0.043}$ mm内孔、键槽和一端面定位装夹工件（专用可胀芯轴）。靠磨 $\phi100_{-0.05}^{\ 0}$ mm至图样尺寸，并靠磨两侧面保护尺寸 40mm	机加工		万能外圆磨床	M1433A、专用磨床夹具		
100	检验	按图样要求检查各部尺寸和精度	检验台					
105	入库	入库						

	设计(日期)	审核(日期)	标准化(日期)	会签(日期)
描图				
描校				
底图号				
装订号				

标记	处数	更改文件号	签字	日期	标记	处数	更改文件号	签字	日期

附表五 密封件定位套零件的机械加工工艺过程卡

机械加工工艺过程卡		产品型号		零(部)件图号			共 2 页	第 1 页
		产品名称		零(部)件名称	密封件定位套			

材料牌号	毛坯种类	毛坯外形尺寸	每毛坯可制件数	每件件数	备注
HT200	铸件	$\phi274mm$(外圆)$\times234mm$ / $\phi116mm$(内孔)$\times234mm$	1	1	

工序号	工序名称	工序内容	车间	工段	设备	工艺装备	工时(准终/单件)
5	铸	铸件各部分留加工余量 7mm，$\phi274mm$(外圆)$\times234mm$(内孔)$\times234mm$	材料库房			锯床	
10	清砂	清砂	外协				
15	热处理	人工时效	外协				
20	粗车	夹毛坯的一端外圆(小外圆一端)，粗车外圆尺寸，兼顾铸件壁厚均匀，车内径各部尺寸，留加工余量 5mm；车端面，保证总长为 226mm，法兰盘壁厚 23mm，其余留盘壁厚 5mm	机加工		车床	CA6140	
25	粗车	调头，以已车内径定位并夹紧工件，法兰盘外圆找正，车外圆各部留加工余量 5mm	机加工		车床	CA6140	
30	精车	夹工件的一端外圆(小外圆一端)，车内径全尺寸 $\phi130_{-0.8}^{-0.6}$mm，在深 195mm 处车内槽 $\phi136mm\times4mm$，保证工件总长 222mm，车 $\phi260mm$ 法兰盘外圆，法兰盘厚度至 22mm	机加工		车床	CA6140	
35	精车	调头，以已车内径定位并夹紧工件，精车外圆各部，除了 $\phi160mm$ 外圆，其余各部外圆尺寸均留磨削余量 0.8mm，车外端面，保证工件总长 220mm，车内径尺寸 $\phi90_{+0.2}^{+0.5}$mm，车 $\phi90_{+0.12}^{+0.20}$mm，切各环槽至图纸尺寸	机加工		车床	CA6140	
40	磨	夹工件的一端外圆(小外圆一端)，内径找正，粗、精磨内径 $\phi130_{+0.015}^{+0.045}$mm，靠端面 $\phi136mm$ 右端面，磨内径全图纸尺寸 $\phi130_{+0.015}^{+0.045}$mm，靠磨 $\phi136mm$ 右端面槽至图纸尺寸，磨内径全图纸尺寸 $\phi90_{+0.2}^{+0.5}$mm	机加工		万能外圆磨床	M1432A	

			设计(日期)	审核(日期)	标准化(日期)	会签(日期)
描图						
描校						
底图号						
装订号						

标记	处数	更改文件号	签字	日期	标记	处数	更改文件号	签字	日期

175

续表

机械加工工艺过程卡

		产品型号		零(部)件图号			共2页	第2页
		产品名称		零(部)件名称				

材料牌号	毛坯种类	毛坯外形尺寸	每毛坯可制作件数	每台件数	备注
HT200	铸件	φ274mm(外圆)×φ116mm(内孔)×234mm		1	

工序号	工序名称	工序内容	车间	工段	设备	工艺装备	工时 准终	工时 单件
45	磨	以已磨削加工的内径 $\phi 90^{+0.5}_{+0.2}$ mm 定位并夹紧工件，磨削 $\phi 165^{-0.10}_{-0.15}$ mm、外圆 $\phi 180^{-0.10}_{-0.15}$ mm 外圆全图纸尺寸	机加工		万能外圆磨床	M1432A		
50	钳	划线：划 φ175mm 直径上均布的 3×M8mm 孔的中心位置线；划 φ222mm 直径上均布的 3×φ13mm 孔的中心位置线	机加工		钳台			
55	钳	钻孔 3×φ13mm，钻 3×M8mm 的螺纹底孔 φ6.7mm，攻螺纹 3×M8mm，深 15mm	机加工		钻床	Z525		
60	检验	按照图纸要求检验各部尺寸	检验室		偏摆仪			
65	入库	涂油入库						

			设计(日期)	审核(日期)	标准化(日期)	会签(日期)

标记	处数	更改文件号	签字	日期	标记	处数	更改文件号	签字	日期

描 图

描 校

底图号

装订号

176

附表六　柱塞套零件的机械加工工艺过程卡

机械加工工艺过程卡		产品型号		零(部)件图号				共1页	第1页
		产品名称		零(部)件名称	柱塞套				
材料牌号	GCr15	毛坯种类	棒料	毛坯外形尺寸	φ23mm×45mm	每毛坯可制作件数		每台件数 1	备注

工序号	工序名称	工序内容	车间	工段	设备	工艺装备	工时(准终)	工时(单件)
5	备料	轴承钢棒 φ23mm×45mm	材料库房		锯床			
10	车	孔,端面及外圆的粗,精车,孔,外圆留余量0.4mm,端面留余量0.4mm	机加工		车床	CA6140		
15	钻	钻回油孔至 $4×φ2.9^{+0.05}_{0}$ mm	机加工		台钻	Z525,钻头		
20	粗磨	粗磨外圆至 $φ17.85^{0}_{-0.04}$ mm	机加工		车床	CA6140		
25	热处理	淬火至硬度为60~64HRC,冷处理及一次回火	外协					
30	珩磨	珩磨内孔,保证尺寸 $φ7.5^{+0.015}_{-0.010}$ mm	机加工		珩磨机	LHCD120X600,珩磨机床夹具		
35	磨	磨削基准面D,保证尺寸(5.5±0.05)mm	机加工		平面磨床	M1022		
40	精磨	精磨小外圆至 $φ14^{-0.016}_{-0.043}$ mm	机加工		内圆磨床	MW250		
45	精磨	磨大端平面,保证长度尺寸 $13^{0}_{-0.08}$ mm	机加工		平面磨床	M1022		
50	铰	铰回油孔至 $4×φ(3±0.03)$ mm	机加工		台钻	Z525,铰刀		
55	热处理	二次回火,时效处理	外协					
60	研磨	一次精光研磨内孔至 $φ7.5^{+0.05}_{0}$ mm	机加工		珩磨机	LHCD120X600,珩磨机床夹具		
65	研磨	二次精光研磨内孔至 $φ7.5^{+0.05}_{-0.02}$ mm	机加工		珩磨机	LHCD120X600,珩磨机床夹具		
70	研磨	机械研磨大端面保持长度 $13^{0}_{-0.11}$ mm	机加工		珩磨机	LHCD120X600,珩磨机床夹具		
75	检验	成品检验(按产品图纸检验)	检验室					
80	入库	涂油入库						

			设计(日期)	审核(日期)	标准化(日期)	会签(日期)

标记	处数	更改文件号	签字	日期	标记	处数	更改文件号	签字	日期

描图

描校

底图号

装订号

附表七 C6125车床尾座体零件的机械加工工艺过程卡

	机械加工工艺过程卡		产品型号	C6125	零(部)件图号			共1页	第1页
			产品名称	车床	零(部)件名称	尾座体			
材料牌号	HT200	毛坯种类 铸造	毛坯外形尺寸		每毛坯可制件数		每台件数 1	备注	
工序号	工序名称	工序内容		车间	工段	设备	工艺装备	工时 准终	工时 单件
5	铸造	砂型铸造(按毛坯图铸造)		铸造车间	一工段	砂型机、浇注机			
10	时效	时效处理		热处理车间	五工段	热处理炉			
15	粗铣底面	粗铣28k7平面,底面C,找平底面		机加一车间	二工段	X51立式铣床	专用铣床夹具,盘铣刀		
20	粗精铣侧面	粗、精铣φ40H6两侧面		机加一车间	二工段	X62万能铣床	专用铣床夹具,盘铣刀		
25	粗镗内孔	粗镗、半精镗φ40H6内孔		机加一车间	三工段	T68卧式镗床	专用镗床夹具,镗刀		
30	粗铣侧面	粗铣φ35mm侧面、铣平即可		机加一车间	二工段	X62万能铣床	专用铣床夹具,盘铣刀		
35	粗铣平面	粗铣垂直孔φ20H8上平面,铣平即可		机加一车间	二工段	X62万能铣床	专用铣床夹具,盘铣刀		
40	半精铣底面	半精铣28k7平面,底面C		机加一车间	二工段	X51立式铣床	专用铣床夹具,铣刀		
45	精铣底面	精铣28k7平面,底面C		机加一车间	二工段	X51立式铣床	专用铣床夹具,铣刀		
50	钻孔	钻2×φ14mm沉孔,2×φ9mm通孔		机加一车间	四工段	Z35摇臂钻	专用翻转式钻夹具,钻头		
55	钻扩铰	钻、扩、铰φ20H8垂直孔,及φ20H7、φ10H7水平孔		机加一车间	四工段	Z35摇臂钻	专用翻转式钻夹具,钻头、铰刀		
60	钻攻	钻、扩φ6H7孔,攻M8螺孔		机加一车间	四工段	Z35摇臂钻	专用翻转式钻夹具,钻头、铰刀、丝锥		
65	钻铰	钻、铰φ10k7孔		机加一车间	四工段	Z35摇臂钻	专用翻转式钻夹具,钻头、铰刀		
70	时效	时效处理		热处理车间	五工段	热处理炉			
75	精镗	精镗φ40H6内孔		机加一车间	三工段	TA4280坐标镗床	专用镗床夹具		
80	刮研	刮研底面C		机加一车间	五工段				
85	检验	检验、入库		检验室					
					设计(日期)	审核(日期)	标准化(日期)	会签(日期)	
标记 处数 更改文件号 签字 日期									
标记 处数 更改文件号 签字 日期									

178

附表八 一级减速器箱体零件的机械加工工艺过程卡

	机械加工工艺过程卡	产品型号	JQ	零(部)件图号	JQ-01	共2页	第1页
		产品名称	减速器	零(部)件名称	减速器箱体		

材料牌号	毛坯种类	毛坯外形尺寸	每毛坯可制作件数	每台件数	1	备注
HT200	铸造	231mm×100mm×80mm		1		

工序号	工序名称	工序内容	车间	工段	设备	工艺装备	工时(准终)	工时(单件)
5	铸造	砂型铸造(按毛坯图铸造)	铸造车间	一工段	砂型机、浇注机			
10	时效	时效处理	热处理车间	五工段	热处理炉			
15	钳	划线箱体底座B面和A面	装配车间	一工段	找正工具	划线找正工具		
20	铣	以A平面定位夹紧,铣平面B	机加工车间	二工段	X62万能铣床	专用铣床夹具、盘铣刀		
25	铣	铣4个螺栓安装平面F	机加工车间	三工段	X62万能铣床	专用铣床夹具、盘铣刀		
30	钳	箱体底座螺栓孔划线	装配车间	一工段	找正工具	划线找正工具		
35	钳	钻4个螺栓孔	机加工车间	二工段	Z35摇臂钻	专用钻床夹具、钻头		
40	铣	铣平面A和平面E(4个)	机加工车间	二工段	X51立式铣床	专用铣床夹具、铣刀		
45	钳	划线:箱体底座2个定位销孔和4个螺栓孔	机加工车间	二工段		钳台、划线工具		
50	钳	配钻定位销孔、铰孔	机加工车间	四工段	Z35摇臂钻	专用翻转式钻夹具、钻头、铰刀		
55	钳	配钻连接螺栓孔	机加工车间	四工段	Z35摇臂钻	专用翻转式钻夹具、钻头		
60	镗	镗两个轴承孔、镗4个盖的定位槽孔	机加工车间	四工段	T68卧式镗床	专用翻转式钻夹具、钻头、铰刀、丝锥		
65	磨	磨两个轴承孔	机加工车间	四工段	MW250内圆磨床	专用翻转式钻夹具、钻头、铰刀		
70	钳	刮削箱体连接平面B	机加工车间	五工段		刮刀、平面度仪		

			设计(日期)	审核(日期)	标准化(日期)	会签(日期)
描图						
描校						
底图号						
装订号						
标记	处数	更改文件号	签字	日期	标记	处数	更改文件号	签字	日期

机械加工工艺过程卡

			产品型号	JQ	零(部)件图号		JQ-01		共2页	第2页
			产品名称	减速器	零(部)件名称		减速器箱体			

材料牌号	毛坯种类	毛坯外形尺寸	每毛坯可制件数		每台件数	1	备注	
HT200	铸造	231mm×100mm×80mm						

工序号	工序名称	工序内容	车间	工段	设备	工艺装备	工时 准终	工时 单件
75	钳	找平放油螺塞孔和油,划观察器孔的端面	装配车间	一工段	找正工具	划线工具		
80	钳	放油螺塞孔、油面观察器孔划线	装配车间	一工段	找正工具	划线工具		
85	钳	钻放油螺塞孔和油面观察器孔与3螺钉孔	机加工车间	一工段	Z35摇臂钻	钻床夹具、钻头、丝锥		
90	钳	攻放油螺塞孔和油面观察器孔的螺纹与3个螺孔	机加工车间	二工段	Z35摇臂钻	钻床夹具、钻头、丝锥		
95	钳	清理 去毛刺	机加工车间	三工段	钳台	锉刀		
100	检验	以图检验	检验室		检验台			
105	涂漆	涂油漆	喷漆车间		喷漆设备	专用吊具		
110	入库	涂油、入库	机加工车间					

	设计(日期)	审核(日期)	标准化(日期)	会签(日期)

描图					
描校					
底图号					
装订号					
标记	处数	更改文件号	签字	日期	
标记	处数	更改文件号	签字	日期	

附表九　连杆零件的机械加工工艺过程卡

		机械加工工艺过程卡	产品型号		零(部)件图号			共3页 第1页
			产品名称		零(部)件名称	连杆		

材料牌号	毛坯种类	毛坯外形尺寸		每毛坯可制件数		每台件数 1		
40Cr	锻造							

工序号	工序名称	工序内容	车间	工段	设备	工艺装备	工时 准终	单件
5	锻造	按连杆的锻造工艺进行	外协					
10	铣	铣连杆大、小头两平面至尺寸 34mm±0.2mm	一车间	二工段	双面铣专用机床	专用铣床夹具、盘铣刀		
15	粗磨	粗磨上下端面。磨完一面后翻身磨另一面，保证尺寸 33.5mm±0.05mm	一车间	一工段	M7475型转盘磨床	磁力吸盘		
20	退磁	退磁	一车间	一工段	退磁机			
25	钻	钻小头孔至 $\phi30$mm，扩至 $\phi32^{+0.1}_{0}$mm	一车间	三工段 Z535型立式钻床		滑柱式钻模		
30	镗	镗小头孔口倒角。一面镗好后，镗另一面	一车间	三工段 Z535型立式钻床				
35	拉	拉小头孔至 $\phi32.5^{+0.039}_{0}$ mm	一车间	四工段 L55型立式拉床		拉刀		
40	粗镗	粗镗大头孔 $\phi45^{+0.18}_{0}$mm，大小头孔中心距保证 180mm±0.05mm	一车间	五工段	镗孔专用机床	镗床夹具		
45	车	车大头外圆直径为 $\phi74.5^{0}_{-0.06}$mm	一车间	二工段	C618K型车床	车床夹具		
50	铣	粗铣螺栓孔平面。先铣一个螺栓孔的两端面，再翻身铣另一端面	一车间	二工段	X62X铣床	铣夹具、三面刃铣刀		
55	铣	精铣螺栓孔平面	一车间	二工段	X62X铣床	铣夹具、三面刃铣刀		
60	钻	钻 $\phi11.2$mm，扩至 $\phi11.8$mm，铰 $\phi12^{+0.027}_{0}$ mm ①两螺栓孔距离 59mm±0.1mm ②螺栓孔轴心线与大头孔端面距离 16.75mm±0.10mm ③两孔的平行度在 100mm长度上公差为 0.15mm ④端面 G 对螺栓孔的圆跳动在 100mm长度上公差为 0.2mm	一车间	三工段 Z535型立式钻床		钻模		

			设计(日期)	审核(日期)	标准化(日期)	会签(日期)
描图						
描校						
底图号						
装订号						
标记	处数	更改文件号	签字	日期	标记 处数 更改文件号 签字 日期	

工序号	工序名称	工序内容	车间	工段	设备	工艺装备	工时 准终	工时 单件
65	中检	①尺寸检查:检查5~60工序的对应的尺寸 ②两K孔在两个互相垂直方向的平行度在100mm长度上公差为0.15mm ③G面对K孔的圆跳动在100mm长度上的公差为0.2mm	检验室		平板	通用量具		
70	镗	半精镗大头孔	一车间	五工段	镗孔专用机床	镗床夹具		
75	磨	精磨第一面至33.25mm;精磨第二面至$33^{-0.025}_{-0.050}$mm	一车间	一工段	M7475型平面磨床	磁力吸盘		
80	退磁	退磁	一车间	一工段	退磁机			
85	镗	精镗大、小头孔至尺寸要求	一车间	五工段	T760型金刚镗床	镗床夹具		
90	中检	中间检查	检验室		检验台	通用量具		
95	钻	钻小头油孔,钻φ4mm,锪φ8mm,深至3mm	一车间	三工段	台钻	钻床夹具		
100	去毛刺	去小头孔内毛刺	一车间					
105	压衬套	连杆油孔与衬套油孔心线的同轴度公差为φ1mm	一车间	六工段	油压机			
110	精镗	精镗衬套孔	一车间	五工段	T760型金刚镗床	镗床夹具		
115	中检	中间检查	检验室		检验台	检具、量具		
120	车	车小头二端面及孔口倒角 ①两端面间距离为$29^{0}_{-0.2}$mm ②小头面与大头端面的落差为2mm±0.15mm ③小头孔口倒角C0.5	一车间	二工段	车床	活心轴		

机械加工工艺过程卡

产品型号 / 产品名称 / 零(部)件图号 / 零(部)件名称 连杆 / 共3页 / 第2页

材料牌号 40Cr / 毛坯种类 锻造 / 毛坯外形尺寸 / 每毛坯可制件数 1 / 每台件数 1

设计(日期) / 审核(日期) / 标准化(日期) / 会签(日期)

描图 / 描校 / 底图号 / 装订号

标记 处数 更改文件号 签字 日期 / 标记 处数 更改文件号 签字 日期

机械加工工艺过程卡

			产品型号		零(部)件图号			共3页	第3页
			产品名称		零(部)件名称	连杆			

材料牌号	毛坯种类	毛坯外形尺寸		每毛坯可制件件数		每台件数	1	备注	
40Cr	锻造								

工序号	工序名称	工序内容	车间	工段	设备	工艺装备	工时准终	工时单件
125	铣	先在工位 I 铣开连杆的一边,再翻身在工位 II 铣开连杆的另一边	一车间	二工段	X62W型卧式铣床	铣床夹具,锯片铣刀		
130	锪	锪螺栓孔口的倒角 C0.5	一车间	三工段	台钻	钻床夹具		
135	钻	钻4个 φ3mm 深5mm 的连杆盖定位销 ①销孔之间的距离为63mm±0.1mm,20mm±0.1mm ②销孔对连杆盖剖分面的中线距离为 31.5mm±0.1mm,10mm±0.1mm	一车间	三工段	台钻	钻床夹具		
140	钻	钻连杆体定位销,4个 φ3.5mm、深 6mm 的连杆盖定位销 ①销孔之间的距离为63mm±0.1mm,20mm±0.1mm ②销孔对连杆盖剖分面的中线距离为 31.5mm±0.1mm,10mm±0.1mm	一车间	三工段	台钻	钻床夹具		
145	去毛刺	全部去毛刺	一车间	三工段	钳台			
150	清洗	清洗	一车间	三工段				
155	终检		检验室					
160	入库		一车间	库房				

			设计(日期)	审核(日期)	标准化(日期)	会签(日期)
标记	处数	更改文件号	签字	日期		
标记	处数	更改文件号	签字	日期		

描图
描校
底图号
装订号

附表十 气门摇臂轴支座零件的机械加工工艺过程卡

		机械加工工艺过程卡		产品型号		零部件图号					共1页	第1页
				产品名称		零部件名称		气门摇臂轴支座			共1页	第1页
材料牌号	HT200	毛坯种类	铸造	毛坯外形尺寸		每毛坯可制件数		每台件数	1		备注	

工序号	工序名称	工序内容	车间	工段	设备	工艺装备	工时 准终	单件
5	铸造	按零件毛坯图工艺要求进行	铸造车间					
10	时效	人工时效	热处理车间		时效炉			
15	涂漆	涂漆	喷漆车间					
20	铣	粗铣上端面	一车间	一工段	立铣 X51	铣床夹具		
25	铣	精铣下端面	一车间	一工段	立铣 X52	铣床夹具		
30	钻	钻 φ11mm 孔	一车间	三工段	Z535 型立式钻床	钻床夹具		
35	铣	粗铣 φ26mm 圆柱两端面	一车间	一工段	立铣 X51	铣床夹具		
40	铣	精铣 φ28mm 圆柱两端面	一车间	一工段	立铣 X51	铣床夹具		
45	钻	钻、扩、铰 φ8mm 孔	一车间	三工段	Z535 型立式钻床	钻床夹具		
50	钻	钻、扩、铰 φ6mm 孔	一车间	三工段	Z535 型立式钻床	钻床夹具		
55	镗	镗内孔,倒角	一车间	三工段	卧式镗床	镗床夹具		
60	钻	钻 φ3mm 孔	一车间	三工段	Z535 型立式钻床	钻床夹具		
65	去毛刺		一车间	三工段	钳台			
70	清洗		一车间					
75	终检		检验室		检验平台	标准量具		
80	入库		库房					

				设计(日期)	审核(日期)	标准化(日期)	会签(日期)
描图							
描校							
底图号							
装订号							
标记	处数	更改文件号	签字	日期	标记	处数	更改文件号	签字	日期

184

附表十一　轴承座零件的机械加工工艺过程卡

	机械加工工艺过程卡		产品型号		零(部)件图号			共1页	第1页
			产品名称		零(部)件名称	轴承座			
材料牌号	HT200	毛坯种类	铸造	毛坯外形尺寸		每毛坯可制件件数		每台件数 1	备注

工序号	工序名称	工序内容	车间	工段	设备	工艺装备	工时(准终/单件)
5	铸造	按零件毛坯图工艺要求进行	铸造车间				
10	时效	人工时效	热处理车间		时效炉		
15	涂漆	涂漆	喷漆车间				
20	划线	划外形及轴承孔加工线	一车间		钳台	划线工具	
25	铣	夹轴承孔两侧毛坯,按线找正,铣轴承底面,保证尺寸30mm	一车间	一工段	X5030A 铣床	铣床夹具	
30	刨	以已加工底面定位,在轴孔处压紧,刨主视图上面及轴承孔左、右侧面 42mm,刨 2mm×1mm 槽,保证底面厚度 15mm	一车间	一工段	B6050 刨床		
35	划线	划底面四边及轴承孔加工线	一车间	三工段	钳台	划线工具	
40	铣	夹 42mm 两侧面,按底面找正,铣四侧面,保证尺寸 38mm 和 82mm	一车间	四工段	X5030A 铣床	钻床夹具	
45	车	以底面及侧面定位,采用弯板式专用夹具装夹工件,车 $\phi30^{+0.021}_{0}$ mm 孔,$\phi35$mm 孔,倒角 C1,保证 $\phi30^{+0.021}_{0}$ mm 中心至上平面距离 $15^{+0.05}_{0}$ mm	一车间	二工段	CA6140 车床	车床夹具	
50	钻	以主视图上平面及 $\phi30^{+0.021}_{0}$ mm 孔定位,钻 $\phi6$mm、$\phi4$mm 各孔,钻 2×$\phi9$mm,锪 2×$\phi13$mm 沉孔(深 $8^{+0.20}_{0}$ mm),钻 2×$\phi8$mm 至 2×$\phi7$mm(装配时再进行钻、扩、铰)	一车间	三工段	Z3025 钻床	钻床夹具	
55	钳	去毛刺	一车间		钳台	标准量具	
60	检验	检验各部尺寸及精度	检验室		检验平台	标准量具	
65	入库	入库	库房				

设计(日期)	审核(日期)	标准化(日期)	会签(日期)

描图 描校 底图号 装订号

标记	处数	更改文件号	签字	日期	标记	处数	更改文件号	签字	日期

185

参 考 文 献

[1] 李洪. 机械加工工艺手册 [M]. 北京：机械工业出版社，1990.

[2] 李益民. 机械制造工艺设计简明手册 [M]. 北京：机械工业出版社，2011.

[3] 艾兴，肖诗纲. 切削用量简明手册 [M]. 第 3 版. 北京：机械工业出版社，2004.

[4] 张纪真. 机械制造工艺标准应用手册 [M]. 北京：机械工业出版社，1997.

[5] 李云. 机械制造工艺及设备设计指导手册 [M]. 北京：机械工业出版社，1997.

[6] 杨叔子. 机械加工工艺师手册 [M]. 北京：机械工业出版社，2002.

[7] 孙本绪，熊万武. 机械加工余量手册 [M]. 北京：国防工业出版社，1999.

[8] 徐鸿本. 机床夹具设计手册 [M]. 沈阳：辽宁科学技术出版社，2004.

[9] GB/T 7714—2015 参考文献著录规则 [S]. 北京：中国标准出版社，2005.

[10] 王先逵. 机械加工工艺手册 第 1 卷 工艺基础卷 [M]：第 3 版. 北京：机械工业出版社，2007.

[11] 王家珂. 机械零件加工工艺编制 [M]. 北京：机械工业出版社，2016.

[12] 周益军，王家珂. 机械加工工艺编制及专用夹具设计 [M]. 北京：高等教育出版社，2012.

[13] 柳青松. 机械设备制造技术 [M]. 西安：西安电子科技大学出版社，2007.

[14] 柳青松. 机床夹具设计与应用 [M]. 第 2 版. 北京：化学工业出版社，2014.

[15] 柳青松. 机床夹具设计与应用实例 [M]. 北京：化学工业出版社，2018.

[16] 柳青松，王树凤. 机械制造基础 [M]. 北京：机械工业出版社，2017.

[17] 王光斗，王春福. 机床夹具设计手册 [M]：第 3 版. 上海：上海科学技术出版社，2000.

[18] 吴拓. 简明机床夹具设计手册 [M]. 北京. 化学工业出版社，2010.

[19] 于大国. 机械制造技术基础与工艺学课程设计教程 [M]. 北京：国防工业出版社，2013.

[20] 张龙勋. 机械制造工艺学课程设计指导书及习题 [M]. 北京：机械工业出版社，1999.

[21] 林昌杰. 机械制造工艺实训 [M]. 北京：高等教育出版社，2009.

[22] 陈宏钧. 机械加工工艺方案设计及案例 [M]. 北京：机械工业出版社，2011.

[23] JG/T 9165.2—1998 工艺规程格式 [S]. 北京：中国标准出版社，1998.

[24] GB/T 1800.1—2009 产品几何技术规范（GPS）极限与配合 第 1 部分：公差、偏差和配合的基础 [S]. 北京：中国标准出版社，2009.

[25] GB/T 1800.2—2009 产品几何技术规范（GPS）极限与配合 第 2 部分：标准公差等级和孔、轴极限偏差表 [S]. 北京：中国标准出版社，2009.

[26] GB/T 1182—2008 产品几何技术规范（GPS）几何公差 形状、方向、位置和跳动公差标注 [S]. 北京：中国标准出版社，2008.

[27] 中国机械工业联合会. GB/T 15375—2008 金属切削机床 型号编制方法 [S]. 北京：中国标准出版社，2008.

[28] 中华人民共和国国家质量监督检验检疫总局，中国国家标准化管理委员会. GB/T 6117.1—2010 立铣刀 第 1 部分：直柄立铣刀 [S]. 北京：中国标准出版社，2011.

[29] 中华人民共和国国家质量监督检验检疫总局，中国国家标准化管理委员会. GB/T 6117.2—2010 立铣刀 第 2 部分：莫氏锥柄立铣刀 [S]. 北京：中国标准出版社，2011.

[30] 中华人民共和国国家质量监督检验检疫总局，中国国家标准化管理委员会. GB/T 6117.3—2010 立铣刀 第 3 部分：7：24 锥柄立铣刀 [S]. 北京：中国标准出版社，2011.

[31] 中华人民共和国国家质量监督检验检疫总局，中国国家标准化管理委员会. GB/T 5343.1—2007 可转位车刀及刀夹 第 1 部分：型号表示规则 [S]. 北京：中国标准出版社，2007.

[32] 中华人民共和国国家质量监督检验检疫总局，中国国家标准化管理委员会. GB/T 5343.2—2007 可转位车刀及刀夹 第 2 部分：可转位车刀型式尺寸和技术条件 [S]. 北京：中国标准出版社，2007.

［33］ 中华人民共和国工业和信息化部. JB/T 7953—2010 镶齿三面刃铣刀 ［S］. 北京：机械工业出版社，2010.

［34］ 国家质量技术监督局. GB/T 17985. 1—2000 硬质合金车刀 第1部分：代号及标志 ［S］. 北京：中国标准出版社，2000.

［35］ 国家质量技术监督局. GB/T 17985. 2—2000 硬质合金车刀 第2部分：外表面车刀 ［S］. 北京：中国标准出版社，2000.

［36］ 国家质量技术监督局. GB/T 17985. 3—2000 硬质合金车刀 第3部分：内表面车刀 ［S］. 北京：中国标准出版社，2000.

［37］ 中华人民共和国国家质量监督检验检疫总局，中国国家标准化管理委员会. GB/T 6083—2016 齿轮滚刀 基本型式和尺寸 ［S］. 北京：中国标准出版社，2016.

［38］ 中华人民共和国国家质量监督检验检疫总局，中国国家标准化管理委员会. GB/T 24630. 1—2009 产品几何技术规范（GPS）平面度 第1部分：词汇和参数 ［S］. 北京：中国标准出版社，2010.

［39］ 中国机械工业联合会. GB/T 1217—2004 公法线千分尺 ［S］. 北京：中国标准出版社，2004.

［40］ 中华人民共和国国家质量监督检验检疫总局，中国国家标准化管理委员会. GB/T 10920—2008 螺纹量规和光滑极限量规 型式与尺寸 ［S］. 北京：中国标准出版社，2009.

［41］ 中华人民共和国国家质量监督检验检疫总局，中国国家标准化管理委员会. GB/T 6414—2017 铸件尺寸公差、几何公差与机械加工余量 ［S］. 北京：中国标准出版社，2017.

［42］ JB/T 5939—2018 工程机械 铸钢件通用技术条件 ［S］. 北京：中国标准出版社，2017.

［43］ 中华人民共和国国家质量监督检验检疫总局，中国国家标准化管理委员会. GB/T 12362—2016 钢质模锻件 公差及机械加工余量 ［S］. 北京：中国标准出版社，2016.

［44］ 机械工业出版社. JB/T 5673—2015 农林拖拉机及机具涂漆 通用技术条件 ［S］. 北京：机械工业出版社，2016.